国际电气工程先进技术译丛

电力系统操作实践

[加拿大] 易卜拉欣·瓦赫迪 (Ebrahim Vaahedi) 著
张海峰 张虎 译

机 械 工 业 出 版 社

本书是一本经典的将电气工程理论用于日常电力系统操作的图书，它从整体上介绍了电力系统操作过程，尤其专注于操作员的需求以及满足这些需求所需的技术。本书共包含 12 章和一个附录。书中前 8 章重点介绍操作员需求、过程和相应的技术解决方案。第 9 ~ 11 章提供了控制中心、能源管理系统以及配电管理系统的完整描述。最后，第 12 章概述了电力系统操作中目前正在发展的和加拿大非常先进的解决方案。附录主要介绍基础理论概念，以此加深对每一章的理解。

书中使用简单、实用以及电力系统中常见的一些实际问题作为每章开头，详细分析电力系统操作过程中遇到的问题和难点，同时配合使用大量商业软件界面对操作过程进行解读，具有很高的实用价值。

本书适用于电力企业中的专业人士、独立系统操作员、咨询公司、电力监管机构，以及和电力系统操作处理相关的其他电力公司，也可作为大专院校相关教师、研究生和本科生的教材和参考用书。

译者序

随着我国工业水平的不断提升，电力系统作为工业动力的主要来源，其规模也在不断扩大。从建国初期的几个孤立电网，到目前发展为全国范围的大电网互联，实现相互调节交换潮流，在减少电力系统总装机容量的同时也增加了系统的可靠性。本书从电力系统操作实践入手，深入剖析了电力系统实践操作过程中所要重点研究的课题，主要包括电力系统可靠性分析，如静态安全性、功角稳定性和电压稳定性等，以及电力系统优化运行和能量运行管理系统、输配电系统的运行规范等内容。

全书共包含12章和一个附录，书中前8章重点介绍操作员的需求、过程和相应的技术解决方案。第9~11章提供了控制中心、能源管理系统以及配电管理系统的完整描述。最后，第12章概述了电力系统操作中目前正在发展的加拿大非常先进的解决方案。附录主要介绍基础理论概念，以此加深对每一章的理解。可以说本书较全面地涵盖了电力系统实践操作中几乎全部的内容，对于系统操作员来说是很好的应用培训手册，对于电力系统类高等院校本科生、研究生以及高校教师具有一定的参考价值。

本书由张海峰和张虎翻译，全书由张海峰和张虎统一校对定稿，另外，董志、董然、孙天硕、吴文胜也参与了部分工作。同时，还要感谢周京华教授在翻译过程中给予的帮助和支持。

由于译者水平有限，翻译中必有错误和不妥之处，衷心希望读者批评指正。

张海峰　　张虎

2017年1月

原书序言

经历过工科教育的人们，许多人都在课本上花费了大量的精力。几乎所有人都赞同我们从这些教科书上学到了很多“工程”，并且我们中的大部分人，包括我自己还可以告诉您，这些我们由爱而生恨的教科书自从我们毕业以后就一直被束之高阁，甚至很少被挑选和重新翻阅来帮助我们解决实际问题。当我们使用教科书中的例子去告诉那些追随我们的脚步将要成为工程师的孩子们，我们在许多许多年以前所学的科目时，它们有时会被证明是有用的。但是有一本不同于其他教材的教科书，它不是那种有着精美封皮和很好封装并且价格昂贵的教科书，而是使用在英属哥伦比亚大学电力工程课程之一的手写笔记合集。它包含了一个电力工程师所需要掌握的所有基础理论知识。那本书伴随我通过了工程-训练的轮换，它是我在工程实践中从工程规划到工程操作过程中使用最频繁的技术参考书。我经常疑惑为什么没有出版更多的此类教材。

Vaahedi 博士的新书《电力系统操作实践》很完美地满足了我的要求。此著作是一本“经典的电气工程理论结合日常电力系统操作”的书。

这本书是一本经典的电气工程理论满足日常电力系统操作的著作。书中以一种易于遵循的方式，首先使用简单、实用和电力系统运行中常见的实际问题来作为每章开始的描述；其次允许开放的日常业务流程，或许配合较大的商业图片；然后进入一些核心的数学公式和计算方法去详细阐述每个简单任务的信息，这些任务是目前电力系统专业操作员和工程师们在计划和操作中不断执行的。这个被称作电网的最复杂的系统是建立在我们之前几代科学家和工程师所发明的基本工程概念基础上的，为了我们产品用户的利益和人类的进步，我们必须通过创新对它进行持续的改进。

《电力系统操作实践》这本书也提出了一个电力系统操作革新的重大历史观点：从主从模拟控制系统到控制技术数字化，从随机选择的数据点到电网的同步相量系统微秒采样的4s数据采样系统，从带有保守方法的离线研究到资产利用最大化和允许精确系统姿态的系统实时评估。它描述了在电力系统操作中传统和现代的挑战，提供了一个前沿技术的展示。读者会发现它是一本关于电力系统操作的非常完整且实用的图书。

Vaahedi 博士能够实现这一惊人成就并不令我感到惊奇。他总是能热情地给出有关电力系统日常操作方面的创新型解决方案。他的学术研究背景、对于新兴技术的理解以及接受最前沿技术挑战的能力，使他能够对我们控制中心的管理提出长远和全面的技术策略以及具体措施。许多年来他一直致力于在我们的实时系统操作领域中采用前沿技术。这本教材是对他所取得成绩的一个很好的证明，祝贺 Ebrahim！

Martin Huang 副教授
BC Hydro 电网操作室

原书前言

大约10年前，我在英属哥伦比亚大学教授关于“电力系统操作中决策支持工具”的一些课程。通过这几年在不列颠哥伦比亚水电站（BC Hydro）与系统操作员紧密的工作接触，我逐渐意识到一门技术课程在一个正在运行的电力系统中，只能提供部分控制中心所发生的情况。为了提供一个完整的电力系统操作的场景，我们需要建立操作员函数、过程传递函数以及使能这些过程的解决方案。与电力系统操作相比，一个很好的例子是汽车的驾驶，如果只是单纯地关注它的技术细节而不去讨论汽车完成的功能或者操作汽车的流程（驾驶规则和准则）以及如何给出这些功能，那么想要给出一个好的汽车驾驶情景是不可能的。环顾四周，我意识到事实上没有一本书在电力系统操作中能够提供一个完整的场景。大约两年前，我有了一个想法，是时候挑战写一本关于将系统操作从业者观点和解决方案细节相结合的书了。

本书的写作过程非常艰难。如果没有那些我非常感激的组织和个人的支持，将很难想像本书能够完成。首先，我要感谢BC Hydro的副教授Martin Huang先生，是他鼓励我撰写此书并且提供了很多有见地的意见，使本书成为BC Hydro操作员培训计划的要素之一。我也要感谢我的雇主——BC Hydro，在书中允许我使用了许多有关水电站控制中心的画面。我也要感谢BC Hydro的许多同仁：Tohru Harada先生，他严格地审阅了此书；Ska - Hiish Manuel先生，他给出很多的开发实例；Wenyuan Li博士，他提出许多有价值的鼓励和建议；以及BC Hydro操作培训经理Brett Hallborg先生，他给予关于课程内容的评论。

我也非常感谢阿尔斯通电网，他们对于教育和培训是如此的慷慨和专注，允许我使用能量管理系统和配电管理系统的截图，以便更好地强化书中所讨论的概念。这要特别感谢我的朋友，阿尔斯通电网的Ali Sadjadpour先生，是他促成了此事。

最后，我要感谢那些给本书提供过宝贵意见的专业同事：西班牙卡斯蒂利亚拉曼查大学教授，IEEE电力系统操作委员会主席，Antonio Conejo博士；伊利诺伊理工学院首席教授，Mohammad Shahidehpour，Bodine博士；以及阿尔斯通电网首席科学家，David Sun博士。

Ebrahim Vaahedi

简　介

本书是一本从整体上贴近电力系统操作的书，它专注于操作员的需求、满足这些需求的过程以及推进这些过程的相应技术。它已经被视为电力系统领域的本科生、研究生，以及电力企业中的专业人士、独立系统操作员、咨询公司、电力监管机构和涉及电力系统操作处理的其他电力公司的一本教科书。

本书共包含12章和一个附录。书中前8章重点介绍操作员需求、过程和相应的技术解决方案。第9~11章提供了控制中心、能源管理系统以及配电管理系统的完整描述。最后，第12章概述了电力系统操作中目前正在发展的和加拿大非常先进的解决方案。附录主要介绍基础理论概念，以此加深对每一章的理解。

过去10年中，在英属哥伦比亚大学，这本书的内容已经被用作教授本科生和研究生的永久性课程。

1）EECE499：电力系统操作中的决策支持工具；

2）EECE498：电力系统中优化的应用；

3）EECE553：高级电力系统分析。

课堂采用的潜在拓展超出了这些课程。其他采用的可能形式，即大学课程或者继续教育课程形式包括：

1）现代电力系统操作；

2）电力系统控制中心；

3）能源管理系统和配电管理系统；

4）电力系统操作中的计算机应用。

世界上几乎所有在本科和研究生阶段教授电力系统课程的大学都可以采用这本书作为教材。

这本书也可以被电力企业中的专业人士、独立系统操作员、可靠性协调员、咨询公司以及所有涉及电力系统操作的其他企业所使用，同时也能够作为操作员培训和认证的一本参考书。

目 录

第 1 章 导　论

1.1 电力系统操作概述

电力系统操作的主要目标是保障其安全性、可靠性和效率。在世界各国的电力企业中，系统操作一直被视为一个重要的功能，因为它能显著地改善企业的底线。系统操作影响着人身安全和系统可靠性，以及与输电和发电配置相关的运营成本。

过去十年电力管制的解除为能源行业的发展创造了新的前景。这一变化再加上正在增加的海量集成的渗透，变量的生成以及智能电网的发展，包括推进发电、输电、配电技术和客户支持技术等都不断增加着电力系统操作的复杂性。

电力系统操作中有 3 个主要的因素：

1）操作员，负责执行不同的功能；

2）过程，它提供如何执行这些功能的细节描述；

3）技术，使能和推进流程。

简而言之，电力系统操作通过测量不同系统信号，诸如潮流和电压，去建立目前系统操作条件的场景。使用这个场景，操作员通过两种方式执行不同的操作功能。

1）服务于操作员在不同条件下详细操作的流程操作书或操作命令书。

2）使能和便于操作命令的技术和决策支持工具。

这个练习将最终导致由系统所直接给出的自动控制动作或者由系统操作员所给出的手动控制动作，如图 1.1 所示。和这种操作很相似的一个比喻是操作或者驾驶一辆汽车。驾驶员通过观察汽车周围的环境来检查行驶条件。他很满意这种如汽车仪表盘似的信息来源方式，因为它提供了诸如速度、发动机温度以及气体含量等车辆的主要操作条件。然后操作者对这些基于交规课本中所指定规则的主要条件进行响应，使用技术来完成书本上诸如转向和制动系统的操作。在一定条件下，汽车能够直接采取自动控制动作，例如紧急时在没有操作员直接参与的情况下触发安全气囊。

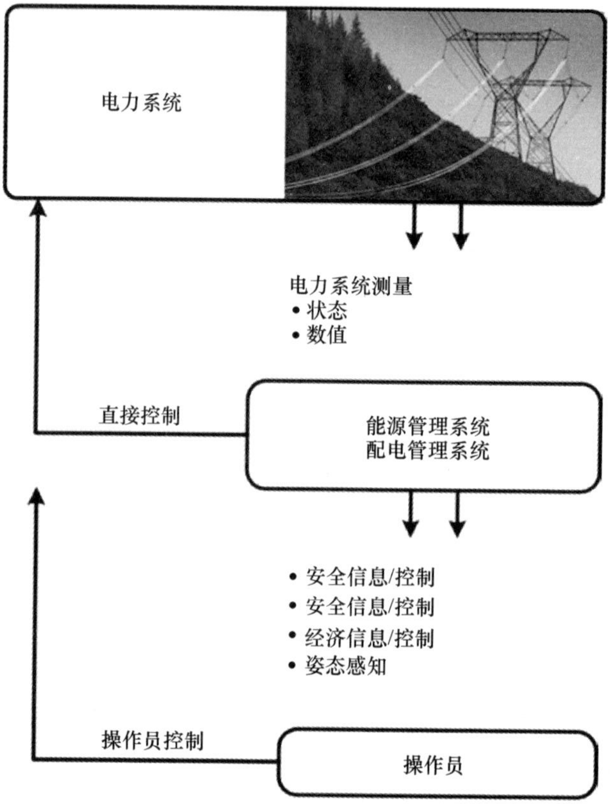

图 1.1　电力系统操作功能

1.2　操作员

操作员以安全、可靠和操作效率为目标，负责管理系统操作。为了实现这些目标，他们需要执行一些功能及与其相关的任务。操作员需要执行的主要功能包括：

1）输电监测；

2）输电极限评估；

3）输电电压管理；
4）输电阻塞管理；
5）输电中断管理；
6）负荷脱离管理；
7）发电负荷平衡；
8）发电操作；
9）发电储备管理；
10）发电中断管理；
11）交换通信；
12）交换监测；
13）交换阻塞管理；
14）交换操作；
15）应急发电量管理；
16）应急甩负荷管理；
17）应急输电管理；
18）恢复。

北美电力可靠性委员会（North American Electric Reliability Council，NERC）颁布了一个系统操作员需要执行系统操作的所有功能的详细通用任务清单[1]。

任务清单包含大体400项分离的任务，主要分为以下几大类：
1）通用控制中心操作；
2）输电；
3）发电；
4）交换；
5）恢复。

1.3 流程

为了履行职能，操作员需要对每一个功能开发业务流程。业务流程是一套设计产生一个产品或者服务的相互关联的活动。在18世纪，描述业务流程最重要的人物之一是亚当·斯密[2]，他使用如下方式描述了一个大头针的生产过程。

一个人抽线，另一个人捋直，第三个人切割，第四个人削尖，第五个人研磨顶部以获得头部（为了得到头部要求两个或三个不同的操作），为了获得较高的价格，另一个流程是把大头针表面美白。以这种方式，制作一个大头针的重要业务被分成大约18个不同的操作流程。在一些工厂中这些都通过不同的手来执行，但在其他方面同样的人有时也会执行其中的两个或三个流程。

从第2章开始，每个操作关键性功能的相应流程将被检验。

1.4 技术

为了启用和促进业务流程，技术解决方案是必需的。例如为了使用最小化的手动工作来完成大头针制作，需要采取一些技术解决方案。同样，对于电力系统操作来说，每个流程的启动或许需要一个或多个技术解决方案。

1.5 电力系统操作标准

NERC是随着美国东北部大停电后对于开发电力系统操作以及规划可靠性标准的授权而建立起来的。这些是电力公司在一个可接受的可靠性等级上所要遵循的操作和规划标准。起初NERC的标准是自愿的，但是在2007年，联邦能源监管委员会（Federal Energy Regulatory Commission，FERC）将它们变为强制标准。这给了NERC强制执行NERC可靠性标准的另一个授权，它通过严格的程序监控、审计、调查和实施对违规行为的经济处罚等执法行为。NERC同时也管理系统操作员的认证程序，为了确保他们拥有所需的知识和技能去履行职责。NERC定义的可靠性是输电充分性和输电安全性的结合。

这里，输电充分性被定义为在所有时间里，电力系统所能提供的对于用户的能源需求以及总需求的能力，同时要考虑系统单元和组件预定的和合理预期的计划外停机状态。

输电安全性被定义为，大部分电力系统所能抵御的，如短路、系统组件或开关操作是意料之外的损坏等突如其来干扰的能力。

对于可靠的电力系统操作来说，电力系统必须保持完好，并具有能抵御多种干扰的能力。因为考虑所有的故障是不切实际的，所有我们只考虑一组可能的故障情况。这些故障我们称之为 $N-1$，意思是在一个具有 N 个组件的电网中只考虑只有一个单元损坏的这种事件。但是人们认识到，比 $N-1$ 故障更严重的情况很有可能发生，对于一个可靠的电力系统操作来说或许无法处理。在这种条件下，应采取措施减小冲击。当系统还没有经受任何故障和故障后的条件时，NERC标准[3]定义了正常系统的性能要求。这些性能要求可能包括电压波形、故障后允许的电压跌落、系统频率阻尼等。图1.2所示为故障后电压波形性能要求的一个例子。该图显示了施加在最大瞬态电压跌落上的极限、电压跌落超过设定极限（例如20%）的持续时间，以及后期瞬态电压偏差。

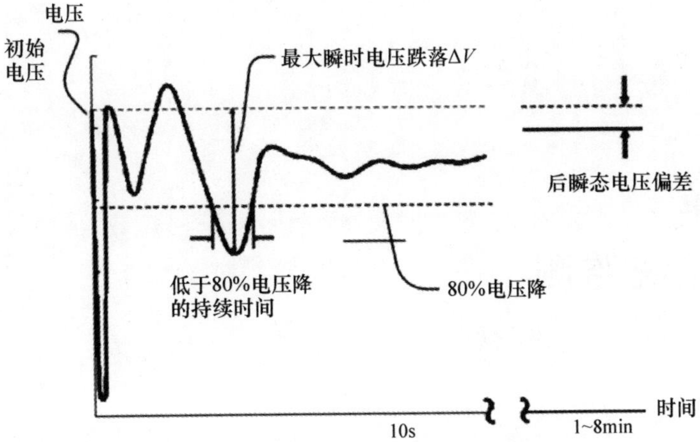

图 1.2 故障下 NERC 电压性能要求

1.6 本书概述

本书由 12 章和附录组成。书中从操作人员功能和需要的观点来描述电力系统操作。这种实际的方法提供给读者对于电力系统操作目标、实现这些目标所制定的流程，以及使能这些流程所需技术的一个深层的理解。

本书前 8 章涵盖了一个操作员的职能以及履行这些职能所需要的知识。这之后是通过已建立的流程细节来执行这些职能，以及使能这些流程所需要的技术方案。从第 2 章开始，每章将专门介绍操作员的重要功能、操作流程及使能技术。第 9 章将讨论现代电力系统操作控制中心的要求和设计特点。第 10 章和第 11 章将提供能源管理系统和配电管理系统完整的说明。每一章都将提供对于输配电各自操作同时进行的一个技术解决方案组合。第 12 章将论述关于电力系统操作中不断发展的技术解决方案。最后，附录将论述基本理论概念去强化对各章节的理解。

第 2 章
电力系统监测

2.1 电力系统监测中操作员的职责

电力系统监测是操作员最基本的职责。操作员需要考虑现行的系统条件，然后确认是否系统正运行在安全范围内。对于操作员来说，理想的解决方案是通过测量系统属性，如电压和潮流，才能对系统有全面的了解。但是由于大量的监测成本过高，因此这一做法并不现实，对于控制中心来说只是选择一定数量的关键性参数进行测量。为了履行系统监测职能，操作员应该负责确认“目前系统安全吗?”之类的关键性问题。

2.2 电力系统监测流程

系统监测流程包含电力系统状况检查。操作人员需要检查当时系统的条件，用来确认是否系统正运行在可接受的物理的和可操作的极限范围内。典型的监测参数包括：

1）变电站电压；

2）传输潮流；

3）发电机有功和无功功率；

4）系统总负荷；

5）交换计划；

6）系统频率；

7）断路器和隔离开关状态。

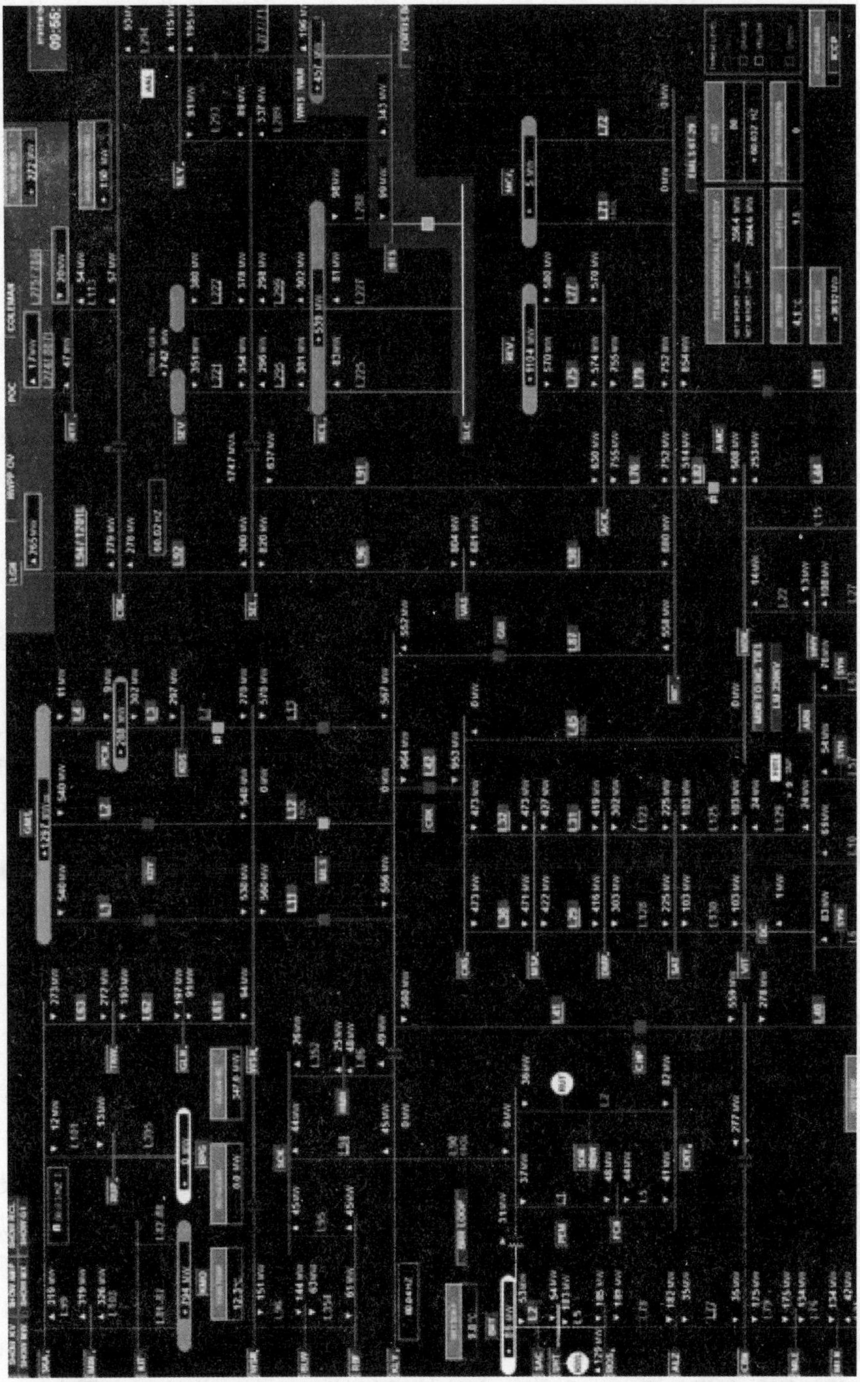

图 2.1　高压输电潮流、发电以及其他系统信息的系统概况图

操作员需要测量这些系统参数，以便能够监测系统的条件并判断是否需要采取进一步的措施来消除潜在的违规行为。

针对这种情况，一个很贴切的比喻就是轿车的驾驶操作。当司机开车时，他需要使用一个被称作仪表盘的直观的人机界面，来观察当前汽车所有的参数，如发动机温度和车速。反过来仪表盘为了司机能更好地获得视角，通过一个测量和传输信息的基础架构来接收汽车当前的参数。这个基础架构包含若干个连接到仪表盘的测量传感器。

图 2.1 所示为一个监测系统中，系统操作员所需的系统概况的典型例子。该图显示高电压系统，包括了在变电站中产生和在输电系统中的潮流。断路器和隔离开关的状态也在图中得到了体现，显示它们是关闭还是打开。操作员能够对特定变电站和输电设备进行放大显示，监测潮流，并且能够打开或者关闭断路器或隔离开关。

2.3 电力系统监测技术

电力系统监测所需的决策系统包括测量电压、有功和无功潮流、开关状态信号等的测量设备，以及把这些信号传输到控制中心的基础设备。其次是使用一种方法来筛选信息，并重新创建尚未测量的丢失信息。如图 2.2 所示，所使用的测量和传输到中心的基础设备叫做监控和数据采集系统（Supervisory Control And Data Acquisition，SCADA），而筛选和重建丢失信息的决策支持工具叫做状态估计。

2.3.1 系统控制和数据采集的作用

SCADA 执行了数据采集和监控两个主要功能。SCADA 的功能主要包含三个方面：

1）现场数据采集和开关动作；

2）通信系统；

3）监控。

在现场，数据采集以及开关动作常规情况下使用一种被称为远程终端的设备进行操作（Remote Terminal Unit，RTU）。一个 RTU 监测现场的数字和模拟参数，并把这些参数传输到中央监测站。一个 RTU 能使用不同的通信协议（通常为串行（RS232，RS485，RS442）或者以太网）与中心站进行接口。一个 RTU 能支持标准协议（Modbus，IEC 60870 - 5 - 101/103/104，DNP3，IEC 60870 - 6 - ICCP，IEC 61850 等）去和第三方软件进行接口。在一些控制应用中，RTU 驱动一个数字输出面板去开通或者关断现场的功率设备。这是通过数字输出面板触发继电器来实现的，继电器能关断大电流接触器。RTU 位于变电站，并且收集诸如有功和无功功率，以及电压等设备的状态和系统参数。该监控系统在设定好的扫描周期内扫描所有的 RTU，并且收集由 RTU 所采集来的信息。该监控系统还具有执行操作员开关请求的能力。这些请求被发送到 RTU，RTU 反过来又通过触发与开关相关联的继电器执行切换。

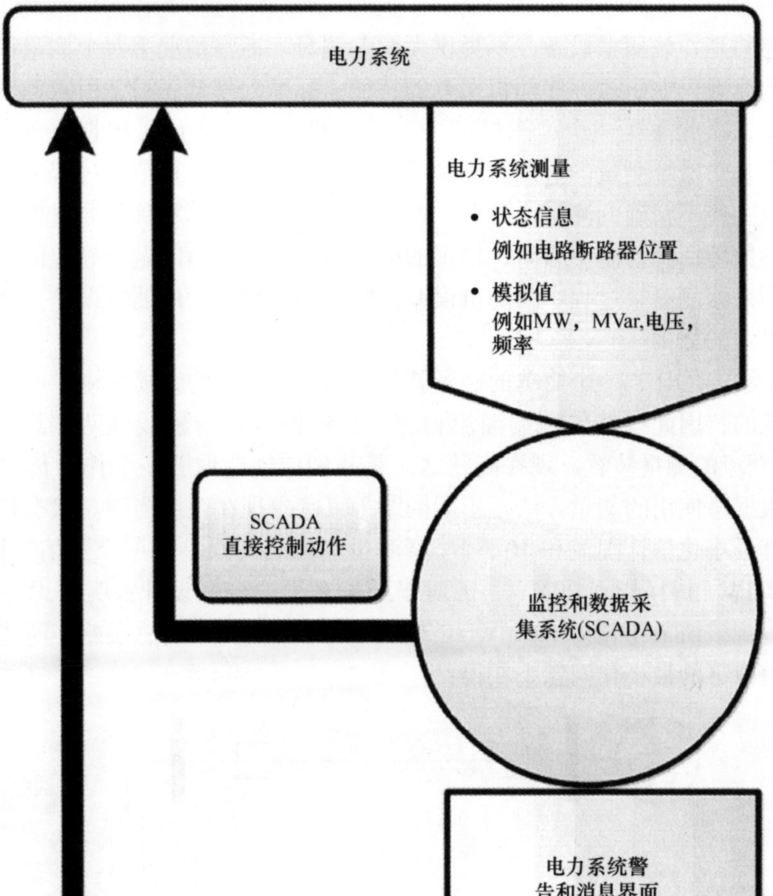

图 2.2　电力系统操作数据采集和控制层次结构

举一个例子，假定 RTU 信息扫描完并把它传递给操作员，操作员观察到变电站的电压较低，此时最好的处理方式是投入一组电容器以增加母线电压，使电压值达到合理的范围。然后操作员通过 RTU 的作用，采用远程开启电容器执行操作，这里 RTU 的作用是驱动电容器开关的打开和关断。

2.3.2 状态估计

遗憾的是，该测量设备并不提供无偏差测量。通常情况下每个测量设备都有通过它的标准偏差引入一些随机误差的特征。标准差越低，设备引入的随机测量误差越少，因此需要一个过滤机制去平滑测量。状态估计是根据文献 [4-8] 一些标准基于系统测量的过滤测量和重建未知系统状态参数值的过程。通常，该方法涉及一些不精确的测量，其中一些是多余的。这些不精确的测量值主要是由于测量参数传回到控制中心时，错误的测量传感器和通信问题所导致的。状态估计就是用来修复测量过程中的随机误差，监测和识别较大的测量误差，并且重塑这些不可用的数据。

对于状态估计，一个简单的例子就是如图 2.3 所示的无损传输。由于传输线是无损耗的，因此线路的两端潮流相等。我们假设在传输线的两端设置 M_1 和 M_2 两个潮流的测量装置。现在问题之一是我们应该选取哪一个作为传输线路的潮流。根据所使用的测量方法，不同的结果可能出现在系统当中。状态估计法尝试去估算最小化估计潮流和 M_1，M_2 所测量潮流之间误差的一个数值。假设 M_1 指示 100MW 和 M_2 指示 20MW，那对于潮流来说应该假设什么呢？思路就是使用一个值，该值最小化了 100MW 和 20MW 两个数据样本的总误差。所述最佳拟合可以由以下的最小化问题来获得：

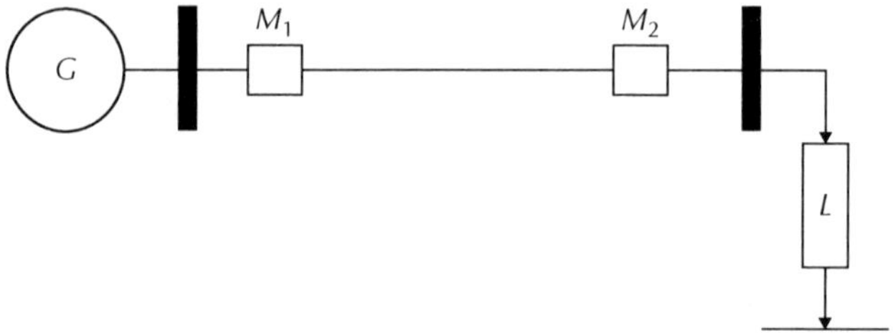

图 2.3 无损线两侧的潮流测量

$$\min F(x) = (x-100)^2 + (x-20)^2 \tag{2.1}$$

为了最小化 $F(x)$，可以使 $F'(x)=0$，这里给出

$$F'(x) = 2(x-100) + 2(x-20) = 0 \tag{2.2}$$

计算结果为

$$2x-120=0 \quad \text{且} \quad x=60 \tag{2.3}$$

如果提前知道 M_1 的测量装置比 M_2 的值更准确，那么考虑 M_1 和 M_2 精确度的比例时，我们应该放更多的权重在 M_1 上。

2.3.3　状态估计最小二乘法

最小二乘法是通过最小化估计误差来获得状态变量值的数学方法。数学公式可以表示为

$$\min J(x) = \sum_{i=1}^{n} \frac{[Z_i^{\text{meas}} - f_i(x)]^2}{\delta_i^2} \tag{2.4}$$

其中，$f_i(x)$为第 i 次测量所获得测量值的计算函数；δ_i^2 为第 i 次测量的方差。方差值为我们分配一个特定的测量置信水平。较高的值反映较高的误差，而较低的值表示高精度的测定装置。$J(x)$为测量残余；n 为独立测量次数；Z_i^{meas} 为第 i 个测量值。

它还假定每次测量提供一个值，该值具有标准偏差 δ_i 的随机误差。另外，假设每个测量设备误差期望值为零，当拥有大量测量数据时，意味着误差实际值的两侧相互抵消。

标准差的含义就是99%的测量值应在 $\pm 3\delta_i$ 的范围内。协方差矩阵的组成给出了相应测量数据的协方差（或者标准偏差 δ_i 的二次方）。协方差矩阵所引入的加权必须立足于每个测量值作为它准确性的结果。此外值得注意的是在式（2.2）中，每个测量的误差都已经根据它的方差做了归一化处理，这是对于该装置精度的一种表示。

为了不失一般性，式（2.4）可以表示成矩阵形式，也就是假设$f_i(x)$仍然维持非线性。

$$F(x)=\begin{bmatrix} f_1(x) \\ \vdots \\ f_n(x) \end{bmatrix} \qquad Z^{\text{meas}}=\begin{bmatrix} Z_1^{\text{meas}}(x) \\ \vdots \\ Z_n^{\text{meas}}(x) \end{bmatrix} \tag{2.5}$$

式（2.4）和式（2.5）使用向量可以写成如下形式：

$$\min J(x) = [Z^{\text{meas}} - F(x)]^{\mathrm{T}}[R^{-1}][Z^{\text{meas}} - F(x)] \tag{2.6}$$

其中，R 就是所谓的测量误差协方差矩阵，由式（2.7）给出。

$$[R]=\begin{bmatrix}\sigma_1^2 & & \\ & \sigma_2^2 & \\ & & \sigma_n^2\end{bmatrix} \tag{2.7}$$

为了得到 J 的最小值，可能需要求解如式（2.8）的一个无约束极小化问题。

$$\frac{\partial J}{\partial x}=0 \tag{2.8}$$

其中，在最小值点所得到的 x 值是 x 的最佳估计值。通过利用式（2.6）的导数，可以获得以下的 n 维向量方程，它需要满足式（2.9）。

$$H^{\mathrm{T}}(x)R^{-1}(Z^{\mathrm{meas}}-F(x))=0 \tag{2.9}$$

其中，$H(x)$ 是 $F(x)$ 的导数或者雅可比矩阵。

$$H(x)=\begin{bmatrix}\dfrac{\partial F_1(x)}{\partial x_1} & \dfrac{\partial F_1(x)}{\partial x_2} & \cdots \\ \dfrac{\partial F_n(x)}{\partial x_1} & \dfrac{\partial F_n(x)}{\partial x_2} & \cdots\end{bmatrix} \tag{2.10}$$

为了求解非线性方程式（2.9），可以使用牛顿—迭代法，它采用线性化来处理非线性问题。这样可以用式（2.11）来迭代求解。

$$X_{k+1}=X_k+(H_k^{\mathrm{T}}R^{-1}H_k)^{-1}H_k^{\mathrm{T}}R^{-1}(Z^{\mathrm{meas}}-F(X_k)) \tag{2.11}$$

对于一个线性系统，其中 $F(X)=HX$，得到式（2.12）。

$$X=(H^{\mathrm{T}}R^{-1}H)^{-1}H^{\mathrm{T}}R^{-1}Z^{\mathrm{meas}} \tag{2.12}$$

1. 线性系统示例 1

在图 2.3 的示例中，我们假设 M_1 的标准偏差为 0.001，M_2 的标准偏差为 0.003。使用最小二乘法的估计潮流将会是什么呢？

结论

利用最小二乘法，我们有 $f_1(x)=x$ 和 $f_2(x)=x$。

$$F(x)=\begin{bmatrix}f_1(x)\\ f_2(x)\end{bmatrix}=\begin{bmatrix}x\\ x\end{bmatrix},\ Z^{\mathrm{meas}}=\begin{bmatrix}M_1\\ M_2\end{bmatrix}=\begin{bmatrix}100\\ 20\end{bmatrix}\text{和}[R]=\begin{bmatrix}0.001 & \\ & 0.003\end{bmatrix}$$

在式（2.9）中使用上述的向量给出

$$H^{\mathrm{T}}(x)R^{-1}(Z^{\mathrm{meas}}-F(x))=0$$

$$\begin{bmatrix}1 & 1\end{bmatrix}\begin{bmatrix}0.001 & \\ & 0.003\end{bmatrix}^{-1}\begin{bmatrix}100-x\\ 20-x\end{bmatrix}=0$$

求解 x，得到 $x=80\mathrm{MW}$，大于在第 2.3.2 节中得到的值。

2. 线性系统示例 2

考虑在图 2.4 中网络配置的示例

$$Z^{\text{meas}}=\begin{bmatrix}Z_{12}^{\text{meas}}\\ Z_{13}^{\text{meas}}\\ Z_{23}^{\text{meas}}\end{bmatrix}=\begin{bmatrix}0.6\\ 0.7\\ 0.4\end{bmatrix}$$

该网络具有以下方程：

$$M_{12}=f_1(\theta_1,\ \theta_2)=4\theta_1-4\theta_2 \tag{2.13}$$

$$M_{13}=f_2(\theta_1,\ \theta_2)=2\theta_1 \tag{2.14}$$

$$M_{32}=f_3(\theta_1,\ \theta_2)=-5\theta_2 \tag{2.15}$$

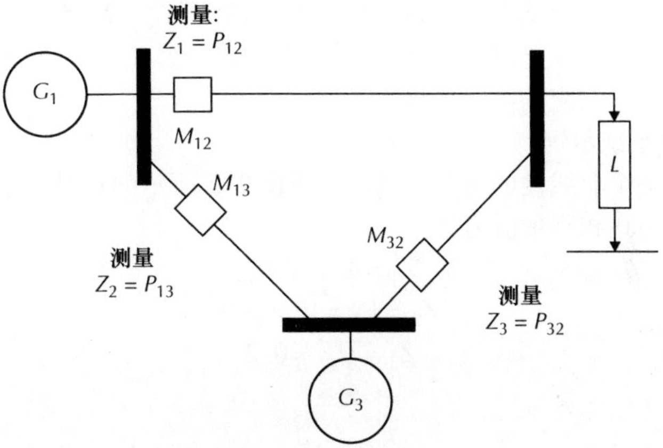

图 2.4　状态估计结果

从上述方程得到 H 为

$$H(x)=\begin{bmatrix}\dfrac{\partial f_1}{\partial x_1} & \dfrac{\partial f}{\partial x_2}\\ \dfrac{\partial f_2}{\partial x_1} & \dfrac{\partial f_2}{\partial x_2}\\ \dfrac{\partial f_3}{\partial x_1} & \dfrac{\partial f_3}{\partial x_2}\end{bmatrix}=\begin{bmatrix}4 & -4\\ 2 & 0\\ 0 & -5\end{bmatrix} \tag{2.16}$$

使用下一步所给出的协方差矩阵［R］

$$[R]=\begin{bmatrix}\sigma_{\text{m11}}^2 & & \\ & \sigma_{\text{m22}}^2 & \\ & & \sigma_{\text{m33}}^2\end{bmatrix}=\begin{bmatrix}3\times10^{-4} & & \\ & 2\times10^{-4} & \\ & & 1\times10^{-4}\end{bmatrix} \tag{2.17}$$

对于 Θ_1 和 Θ_2 得到如下值：

$$\begin{bmatrix}\Theta_1^{est}\\ \Theta_2^{est}\end{bmatrix}=\left[\begin{bmatrix}4 & 2 & 0\\ -4 & 0 & -5\end{bmatrix}^{-1}\begin{bmatrix}0.0003 & & \\ & 0.0002 & \\ & & 0.0001\end{bmatrix}^{-1}\begin{bmatrix}4 & -4\\ 2 & 0\\ 0 & -5\end{bmatrix}\right]^{-1}$$

$$\left[\begin{bmatrix}4 & 2 & 0\\ -4 & 0 & -5\end{bmatrix}^{-1}\begin{bmatrix}0.0003 & & \\ & 0.0002 & \\ & & 0.0001\end{bmatrix}^{-1}\begin{bmatrix}0.6\\ 0.7\\ 0.4\end{bmatrix}\right]$$

$$\begin{bmatrix}\Theta_1^{est}\\ \Theta_2^{est}\end{bmatrix}=\begin{bmatrix}73.333 & -53.333\\ -53.333 & 303.333\end{bmatrix}^{-1}\begin{bmatrix}15.000\\ -28.000\end{bmatrix}=\begin{bmatrix}0.015756\\ -0.06-6\end{bmatrix}$$

通过这些值中，网络潮流可以使用式（2.13）~式（2.15）计算得到。

由于方差元素 σ_{m33} 要比其他两个方差小得多，因此对应于 σ_{m33} 的潮流应该比其他两个方差所对应的潮流更接近于测量值。

3. 非线性系统示例

为了说明一个非线性的情况，考虑一下图 2.5 所示的双母线系统。

给出 $V_1=1.0$ 和测量值为

$$Z_1=V_2=1.02$$
$$Z_2=P_2=12=2.0$$
$$Z_3=Q_{12}=0.2$$

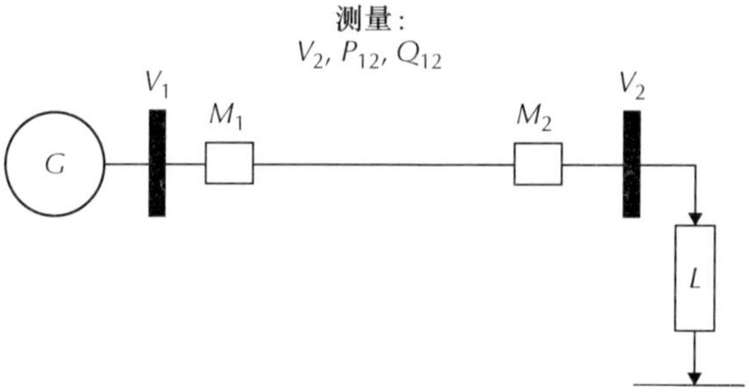

图 2.5　双母线系统

测量装置误差的特性使用以下协方差矩阵给出：

$$[R]=\begin{bmatrix}(0.05)^2 & & \\ & (0.01)^2 & \\ & & (0.15)^2\end{bmatrix} \tag{2.18}$$

假设以下初始条件找到 V_2 和 δ_2 的最佳估计：

$$\begin{bmatrix}x_1\\ x_2\end{bmatrix}=\begin{bmatrix}\delta_2\\ V_2\end{bmatrix}=\begin{bmatrix}0\\ 1.02\end{bmatrix} \tag{2.19}$$

为了找到上述值的最佳估计，首先建立相关状态变量测量值的方程。

$$f_1(\delta_2, V_2)=V_2 \tag{2.20}$$

$$f_2(\delta_2, V_2)=-10V_2\sin\delta_2 \tag{2.21}$$

$$f_3(\delta_2, V_2) = 10 - 10V_2\cos\delta_2 \tag{2.22}$$

基于这些值，建立 $H(\delta_2, V_2)$雅可比矩阵如下：

$$H(\delta_2, V_2) = \begin{bmatrix} df_1/d\delta_2 & df_1/dV_2 \\ df_2/d\delta_2 & df_2/dV_2 \\ df_3/d\delta_2 & df_3/dV_2 \end{bmatrix} \tag{2.23}$$

$$H(\delta_2, V_2) = \begin{bmatrix} 0 & 1 \\ -10V_2\cos\delta_2 & -10\sin\delta_2 \\ -10V_2\sin\delta_2 & -10\cos\delta_2 \end{bmatrix} \tag{2.24}$$

结果如下：

$$z - f(0.1, 0.2) = \begin{bmatrix} 0 \\ 2.0 \\ 0.2 \end{bmatrix} \quad H_0(0, 1.02) = \begin{bmatrix} 0 & 1 \\ -10.2 & 0 \\ 0 & -10 \end{bmatrix}$$

$$H_0^{\mathrm{T}}R^{-1}(z - f_0) = \begin{bmatrix} 0 & -10.2 & 0 \\ 1 & 0 & -10 \end{bmatrix} \begin{bmatrix} 400 & 0 & 0 \\ 0 & 100 & 0 \\ 0 & 0 & 44.4 \end{bmatrix} \begin{bmatrix} 0 \\ 2.0 \\ 0.4 \end{bmatrix}$$

$$\begin{bmatrix} 0 & -1020 & 0 \\ 400 & 0 & -444.4 \end{bmatrix} \begin{bmatrix} 0 \\ 2.0 \\ 0.4 \end{bmatrix}$$

$$\begin{bmatrix} -2040 \\ -177.8 \end{bmatrix}$$

$$(H_0^{\mathrm{T}}R^{-1}H_0)^{-1} = \left(\begin{bmatrix} 0 & -10.2 & 0 \\ 1 & 0 & -10 \end{bmatrix} \begin{bmatrix} 400 & 0 & 0 \\ 0 & 100 & 0 \\ 0 & 0 & 44.4 \end{bmatrix} \begin{bmatrix} 0 & 1 \\ -10.2 & 0 \\ 0 & -10 \end{bmatrix} \right)^{-1}$$

$$\left(\begin{bmatrix} 10.404 & 0 \\ 0 & 4.844.4 \end{bmatrix} \right)^{-1}$$

这里给出

$$X^{k+1} = X^k + [H^T{}_k R^{-1} H_k]^{-1} [H^T R^{-1}(Z^{\mathrm{meas}} - f(X_k)]$$

$$\begin{bmatrix} x_1^1 \\ x_2^1 \end{bmatrix} = \begin{bmatrix} 0 \\ 1.02 \end{bmatrix} + \begin{bmatrix} 10404 & 0 \\ 0 & 4844.4 \end{bmatrix}^{-1} \begin{bmatrix} -2040 \\ -177.8 \end{bmatrix}$$

$$= \begin{bmatrix} -0.196 \\ 0.983 \end{bmatrix}$$

从这里开始，进行第 2 次迭代等。

2.4 不良数据辨识

前面知道测量值的 99% 应该落在测量标准偏差为 ±3 内的概率为 99%，有一些测量数据可能存在严重的错误。一旦估计完成后，就可以计算每次测量的偏差，然后通过该测量的标准差除以它得到一个归一化的值。如果这个值比 3 大，那么应该高度怀疑这个测量是不准确的。通过分析偏差，可以开始通过对测量过程注入最大偏差来假设检测过程，并且再次执行估计过程。如果不能产生可接受的估计，则注入的估计值被放回并且在新的估计中带有最大偏差的测量值被移除。同时，为了确认抛出的测量值是否真的不准确，可以利用 $J(x)$ 的新值与旧值相比较并指出它们的变化。如果变化是负的，那么不准确的测量值的假设就是正确的，反之亦然。状态估值正常表现的另一项测量值是 $J(x)$ 的数值。运用统计学来显示 $J(x)$ 的期望值是可能的，因此，可以建立一个最大上限，使得一个高概率的 $J(x)$ 也小于这个上限。图 2.6 所示为在 EMS 中典型的状态估计页

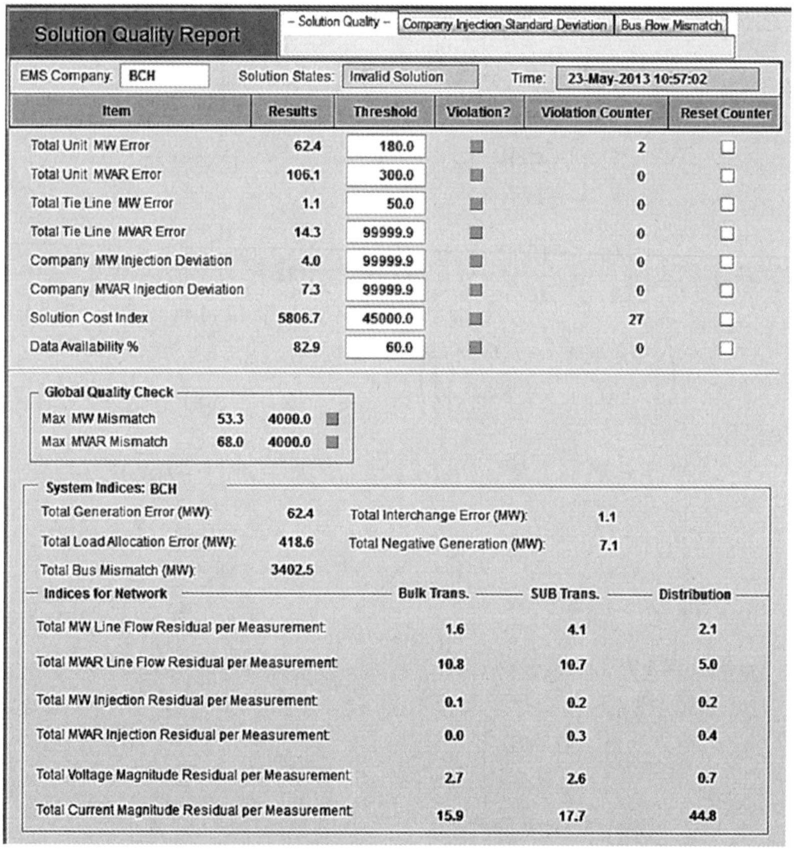

图 2.6　表明解决方案质量的一个典型的状态估计显示

面，同时显示了解决方案的质量。另一方面，图 2.7 所示为一个在 EMS 中比较测量值和估计值的遥测测量信号的典型列表。在屏幕上还显示了受怀疑的测量值。

Telemetered Network Data

RTNET Last Solved: 23-May-2013 10:55:02　Sort Analog　RTNET　REALTIME　VALID SOLUTION

SORT BY - Normalized Residual: ✔

Station	Device Type	Device	Analog	Quality SCADA / SE Status	Sign Flip	Value SCADA / Estimated	Weighted Residual	Normalized Residual	Standard Deviation	Bias	Primary	Critical
WAN	UN	G2	MW	Good / Available		116.70 / 116.70	0.000	20.900	0.000	0.000	✔	
JHT	UN	G6	MX	Good / Available		-3.70 / -3.70	0.000	19.091	0.000	0.000	✔	
WAN	UN	G1	MW	Good / Available		115.84 / 115.84	0.000	18.379	0.000	0.000	✔	
WAN	UN	G4	MW	Good / Available		117.55 / 117.55	0.000	15.678	0.000	0.000	✔	
WAN	UN	G2	MX	Good / Available		-49.78 / -49.77	-0.061	15.661	0.001	-0.006	✔	
WAN	UN	G3	MW	Good / Available		107.28 / 107.28	0.000	15.351	0.000	0.000	✔	
JHT	UN	G2	MX	Good / Available		-1.42 / -1.42	0.000	13.448	0.000	0.000	✔	
LYN	XF	12T2	1AM	Good / Suspect		0.01 / 1036.86	10.369	12.070	6.556	-1040.151	✔	
WAN	UN	G4	MX	Good / Available		25.43 / 25.43	0.000	11.835	0.000	0.000	✔	
WAN	UN	G1	MX	Good / Available		-43.14 / -43.13	-0.039	10.357	0.000	-0.004	✔	
TLR	LN	2L313	KV	Good / Suspect		245.96 / 245.04	3.083	9.516	0.016	0.912	✔	
ALZ	XF	T2	MX	Good / Suspect		0.90 / 15.19	6.214	9.404	0.197	-14.513	✔	
GMS	UN	G7	MW	Good / Available		289.38 / 289.21	0.607	9.255	0.016	0.152	✔	
GMS	UN	G5	MW	Good / Available		236.85 / 236.70	0.574	9.214	0.016	0.136	✔	
GMS	UN	G4	MW	Good / Available		235.82 / 235.67	0.573	9.204	0.016	0.136	✔	
GMS	UN	G10	MW	Good / Available		242.11 / 241.91	0.654	9.137	0.019	0.179	✔	
SON	LN	60L20	1AM	Good / Suspect		178.00 / 48.88	8.608	8.975	4.818	126.866	✔	
GMS	UN	G2	MW	Good / Available		-7.11 / -7.25	0.559	8.959	0.015	0.133	✔	
GMS	LN	5L2	MW	Good / Suspect		422.05 / 430.62	4.281	8.678	0.858	-7.735	✔	
GMS	LN	5L1	MW	Good / Suspect		423.08 / 431.48	4.200	8.511	0.846	-7.632	✔	
SCA	UN	G1	MX	Good / Available		1.37 / 1.37	0.000	8.365	0.000	0.000	✔	
GMS	LN	5L4	MW	Good / Suspect		-52.01 / -43.67	4.171	8.177	0.763	-7.633	✔	

图 2.7　比较遥测测量值和估计值从而确定受怀疑测量值的一个典型 EMS 显示

2.5　可观性

在状态估计中，测量值的数量多余典型的状态估计变量是必要的。换句话说，对于估计来说拥有冗余信息是必要的。因为“可观性”现象的存在，即便这种情况不能保证所有的状态变量都能从测量值被估计。总之，可观性是通过测量值来观测状态变量的能力。例如，可能存在不包含一个状态变量的测量值。传统上，如果一个系统是随着一组测量值可观的，那么就存在一些方法来建立它。最近，已经有方法被开发，它不仅能确定一个系统是否可观，而且还可以确定一个单一测量值能观测多少个不同的状态变量，并且基本上提出了定量可观性。

换句话说，我们可以声明一个系统是可观的，但同时我们也可以建立一些并不具有强烈可观性的状态变量。

问题和难点

2.1　如果操作者已经获得了所有系统的完善的测量数据，那么还有必要对系统进行状态评估吗？

2.2 绘制电力系统操作的数据采集和控制层级结构图。

2.3 描述 SCADA 及其功能，并命名在现场中进行数据采集和开关使能的 SCADA 设备。

2.4 写出最小二乘法目标最小化的方程，描述每个变量。

2.5 求解 2.3.3 节 1. 所给的协方差矩阵和测量值的线性系统的例证。

$$[R]=\begin{bmatrix}0.005 & \\ & 0.02\end{bmatrix},Z^{\text{meas}}=\begin{bmatrix}M_1\\M_2\end{bmatrix}=\begin{bmatrix}120\\50\end{bmatrix}$$

2.6 对于 2.3.3 节 2. 中的线性例子，通过以下方程和数值能够求得 θ_1 和 θ_2 的值。

$$M_{12}=f_1(\theta_1,\theta_2)=50_1-40_2$$
$$M_{13}=f_2(\theta_1,\theta_2)=3\theta_1$$
$$M_{32}=f_3(\theta_1,\theta_2)=-6\theta_2$$

$$Z^{\text{meas}}=\begin{bmatrix}Z_{12}^{\text{meas}}\\Z_{13}^{\text{meas}}\\Z_{23}^{\text{meas}}\end{bmatrix}=\begin{bmatrix}0.5\\0.2\\0.4\end{bmatrix}\text{及}[R]=\begin{bmatrix}0.001 & & \\ & 0.0001 & \\ & & 0.004\end{bmatrix}$$

2.7 对于 2.3.3 节 3. 中非线性系统的例子，使用相同的初始条件得到用于第 2 和第 3 次迭代的 V_2 和 δ_2 的值。

2.8 对于 2.3.3 节 3. 中非线性系统的例子，使用以下初始条件得到对于第 1 次迭代来说 V_2 和 δ_2 的值是什么？

$$\begin{bmatrix}x_1\\x_2\end{bmatrix}=\begin{bmatrix}\delta_2\\V_2\end{bmatrix}=\begin{bmatrix}0.5\\1.05\end{bmatrix}$$

$$\begin{bmatrix}\delta_2\\V_2\end{bmatrix}=\begin{bmatrix}-0.11938\\0.78277\end{bmatrix}$$

第3章 电力系统方案分析

3.1 操作员在电力系统方案分析中的职责

在监测主要的操作条件时，操作员不断地根据情况对它的下一步运行作出需要的决策。例如，这些决策包括为了切除电压或潮流而需立即采取的缓解开关动作响应，或者在限定的时间范围内为了维修而需断开一部分设备的申请响应。对于前者的情况，操作员需要模拟一定数量的方案，每个方案都采用不同的解决方式，并从中选择最好的一个。对于后者的情况，操作员需要模拟断开后的操作条件并且评估它的可行性。再者，操作员可能还需要测试许多方案，并且当故障解决方案最终不可行时，尽可能设计一个缓解操作。

3.2 电力系统方案分析过程

作为系统操作命令或者过程丛书的一部分，电力公司要严密地记录对于变电站、输电线路和变压器的操作极限和阀值是什么。它们还大体记录了缓解操作的类型，为了消除如电压或潮流违规的问题，操作员必须要在这些操作极限内返回到系统进行解决。

给出一个在市区供应主要负荷的高压变电站的例子。操作员已经写好了用于精确电压分布阈值控制的程序，变电站需要在（如 1.02 ~ 1.05p. u.）的范围内运行。在用电高峰期时，电压降低，当不在高峰期时，电压增加。操作员需要采取缓解措施，使电压在允许范围内。在用电高峰期间，他们或许投入一些电容器或切除一些电抗器。另一方面，在非高峰时期，操作员会切除一些电容器或投入一些电抗器。同时也有其他的一些缓解措施，例如调整冷凝器或者发电机上的电压设置。类似的情况还会发生在输电线路和变压器中，其实际的潮流受到热极限和其他操作极限的限制，而这些将会在本书的后面讨论。另外，存在已写好关于潮流极限是什么的程序，以及操作员需要怎样的缓解措施才能使潮流在可接受的阈值范围内的程序。再举一个例子，假设有一个 500kV 的线路将远距离发电送到负荷中心。操作手册上指定这条线路的最大极限为 900MW。如果这条线路的潮流超过 1100MW，那么在操作命令手册中，存在已写好的关于操作员应采用怎样的缓解措施来恢复系统的程序说明。缓解措施包括改变系统发电模式或重新配置网络。

为了准确地确认应该采用操作书建议的哪种缓解措施和多少种，操作员需要测试不同的方案。举个例子，为了解决过电压问题，操作员需要测试操作手册中已经确定的电容器和电抗器不同的组合方案。

3.3 电力系统控制技术

电力系统控制需要的决策支持系统包括执行开关操作的基础设备以及方案分析的工具。

3.3.1 电力系统控制的基础设施

用于实现开关操作的基础设施是通过 SCADA 系统实现的，在第 2 章中已经介绍过。为了执行开关操作，操作员在屏幕上他们想要打开的开关上点击按钮。开关操作从人机界面转移到 RTU 系统，从而激活需要打开或者关断的与开关相关联的继电器。决策支持系统也需要一个名为潮流的工具，这将会在以下章节中介绍。

假设操作员经过方案分析，决定执行开关操作。首先他需要检查提供当时运行条件的系统模拟图，如图所示 3.1 为其放大的部分。提供系统高压层的这幅图，位于显示了断路器详细位置的断路器节点模型中。模拟图提供了高压系统的发电、负荷和潮流情况。操作员在他想要执行开关操作的地方需要放大特定的变电站或传输设备。图 3.3 和图 3.2 所示分别为通过操作员选择特定的发电站和设备获得的发电站与输电线路的详细信息。操作员使用这些详细的图，通过选择如断路器或开关来执行操作并在实际设备上执行这个动作。当操作员决定打开设备时，图 3.4 所示为图 3.3 的传输图。操作员将提交一个确认他意图以及可以在这个设备上执行操作的对话框。

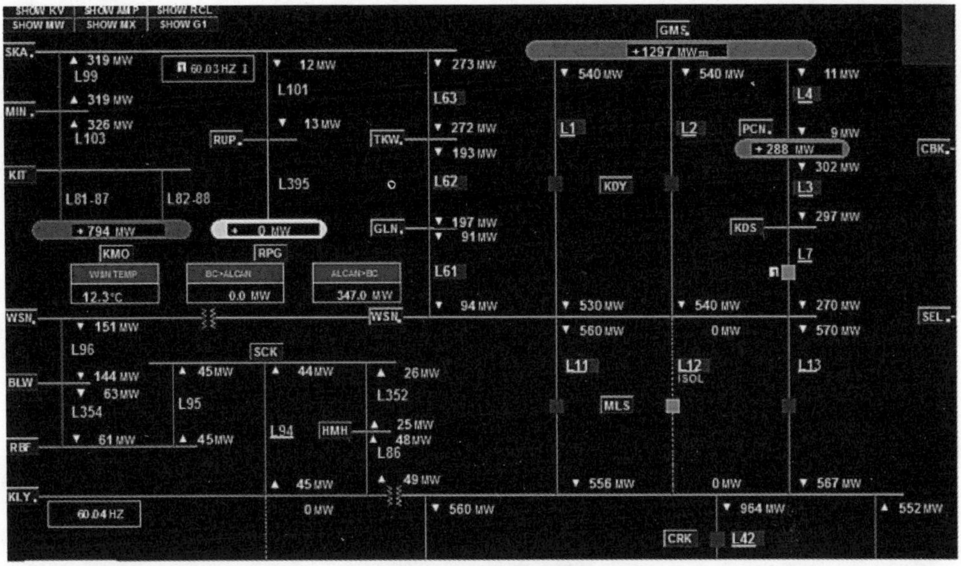

图 3.1　系统网络模拟图

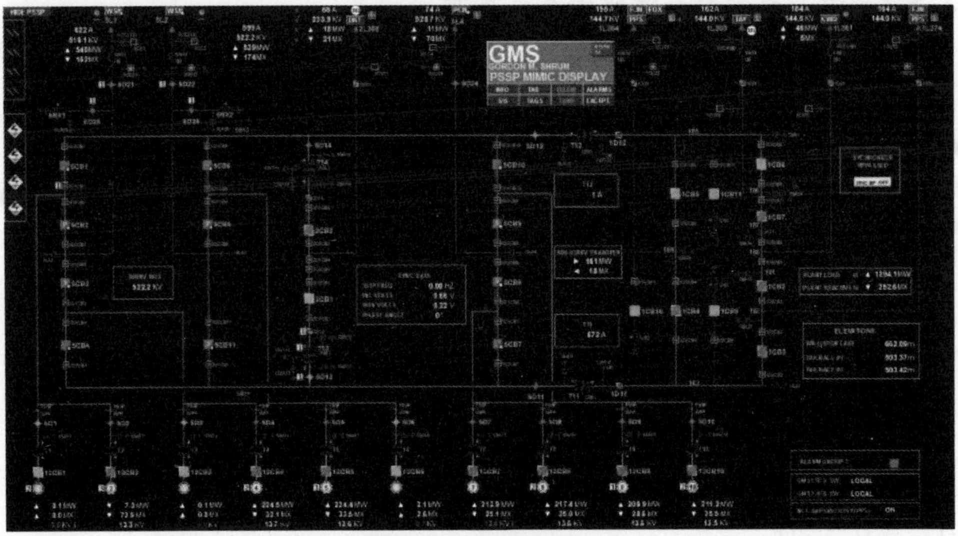

图 3.2　发电变电站图

最后，也会提供给操作员如图 3.5 所示的母线分支概况图。这些图不包括断路器的状态，仅提供一个简单的系统模拟。

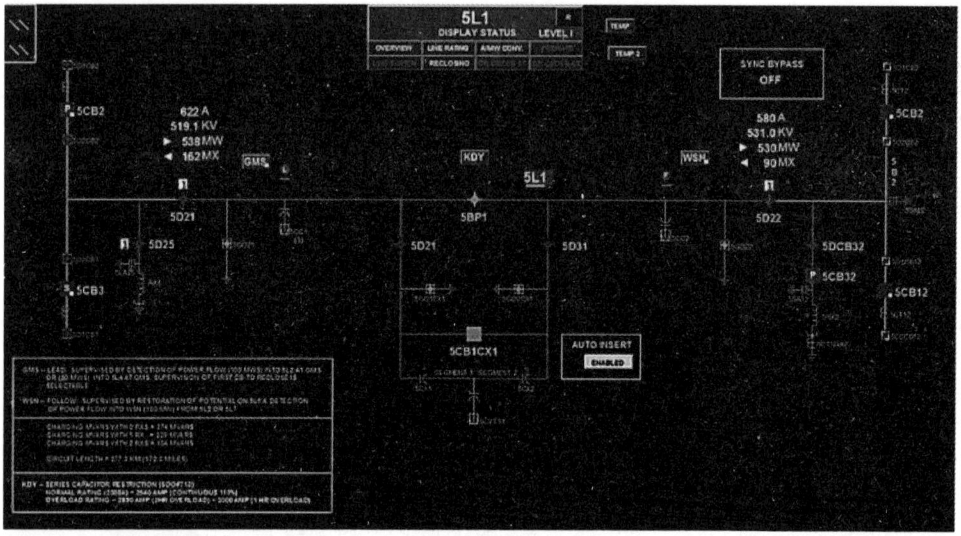

图 3.3 输电线路图

3.3.2 电力系统方案分析技术：潮流

为了在现有环境中创建在不同方案下执行开关操作的系统环境，我们需要一个被称为潮流分析的决策支持工具。潮流的功能为给定电力系统各母线的负荷功耗以及发电厂发电量，从而找到各线路和联络变压器的潮流量。

系统假设是平衡的，允许单相表示系统。

3.3.3 系统建模

系统中每条母线都有 P，Q，V 和 Θ 4 个量，根据惯例注入的 P 和 Q 对母线来说为正，从系统中抽出的 P 和 Q 为负，我们需要根据系统的 P，Q，V 和 Θ 4 个属性对系统母线进行分类。如以下描述：有 3 种类型母线，即 PQ，PV 和松弛。

PQ 母线：PQ 母线是具有已知 P 和 Q 值的负荷母线。

PV 母线：PV 母线是具有特定 P 和 V 值的发电机母线，同时 Q 值限定在 Q_{max} 与 Q_{min} 之间。

松弛母线：这种母线是系统中具有 V 与特定角度的一种参考母线。它吸收系统失调的负荷和发电量。从数学上讲，这种母线用来提供在电网中损耗所引起的发电负荷平衡。在现实生活中，松弛母线反映了发电负荷平衡的状态，这发生在自动发电控制的发电机组中。为了方便分析系统，系统的所有组件都必须建模。

通常情况下，如附录 A 中所述，目的是用 π 网络表示系统的每个组件：

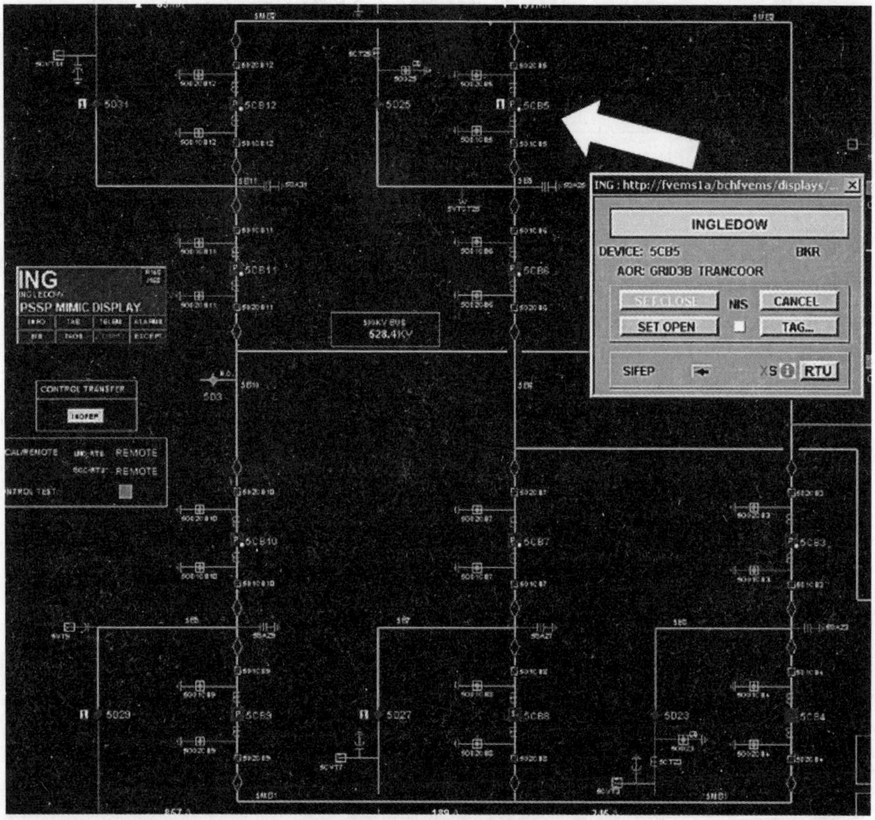

图 3.4　操作员试图通过系统打开一个断路器时将弹出一个窗口确认他的意图

1）输电线路；

2）变压器和移相器；

3）发电机；

4）分流器和冷凝器；

5）负荷。

另外潮流中还有大量的控制目标。这些控制目标是通过改变设备上的控制参数来实现的。表 3.1 中列出了潮流中的各种控制目标。控制目标、控制参数与控制设备都已给定。图 3.6 所示为一个调压变压器的运行通过改变它的变比来控制母线 *B* 的电压或流向母线 *B* 的 MVar 的潮流。图 3.7 所示为移相器或移相变压器操作通过改变调压变压器的相，来控制流向母线 B 的实际潮流。图 3.1 还表明一个发电机的 MVar 调节可以通过调整它的端电压来实现。用相似的方式，一个同步冷凝器，不发出有功功率的发电机，也可以通过改变它的 MVar 来调整它的端电压。可切换电容器、可切换电抗器和静态无功补偿器（Static Var Compensator,

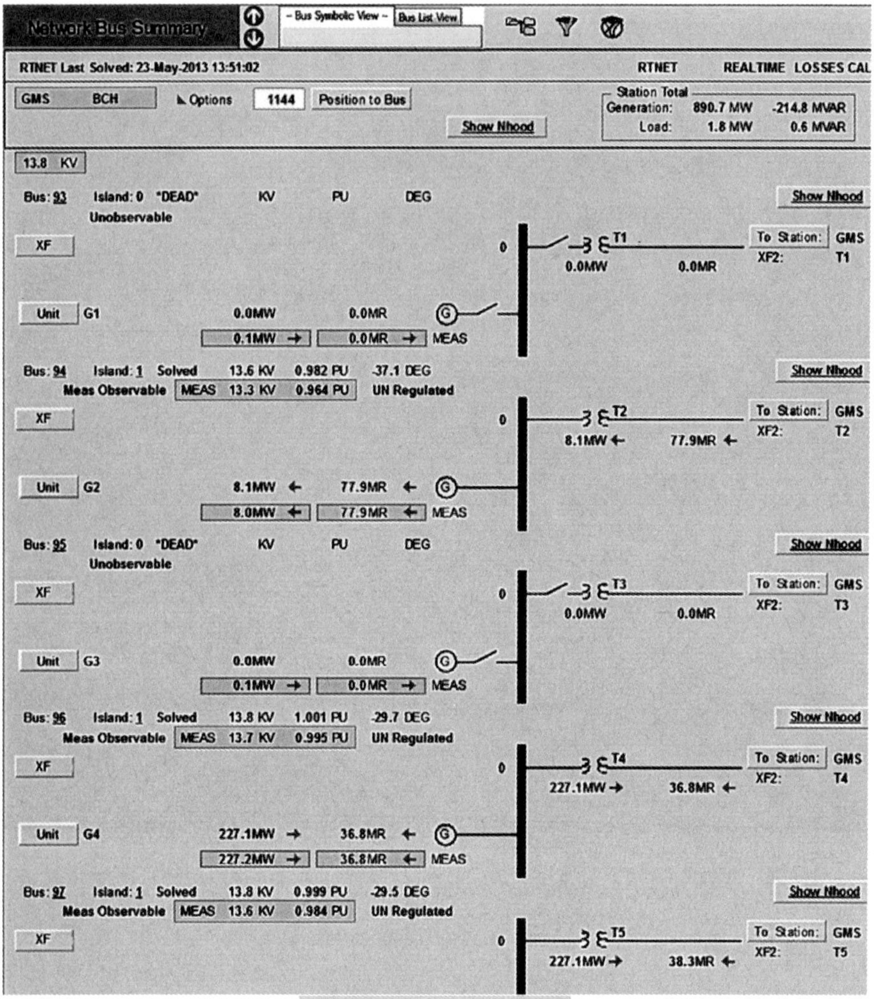

图 3.5 典型的母线分支图

SVC）还可以通过改变它们的无功功率来控制电压。最后，图 3.8 所示为区域控制操作被调节去控制区域之间的交换潮流，其中在区域控制操作中，不同区域内功率产生在松弛母线上。

表 3.1 潮流中的辅助控制设备

控制设备	控制参数	控制目标
变压器	变比	电压、功率
移相器	相	线路中的潮流
发电机	无功功率	机端电压
同步冷凝器	无功功率	电压
可切换电容器、电抗器和 SVC	无功功率	电压
区域控制	松弛电力区域	交换 P

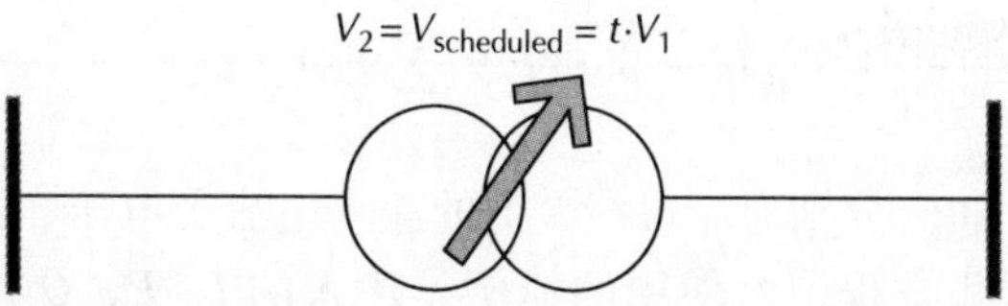

图 3.6　在设定值 $V_{\text{scheduled}}$ 上调压变压器改变变比 t 来设置母线 2 的电压

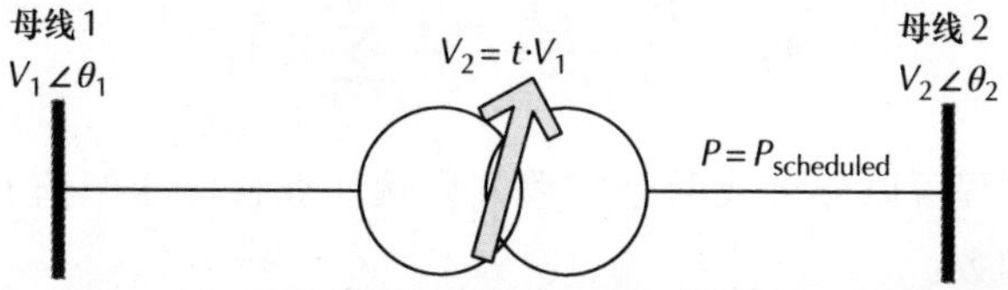

图 3.7　在设定值 $P_{\text{scheduled}}$ 上移相变压器改变其变比角度 t 来设置潮流

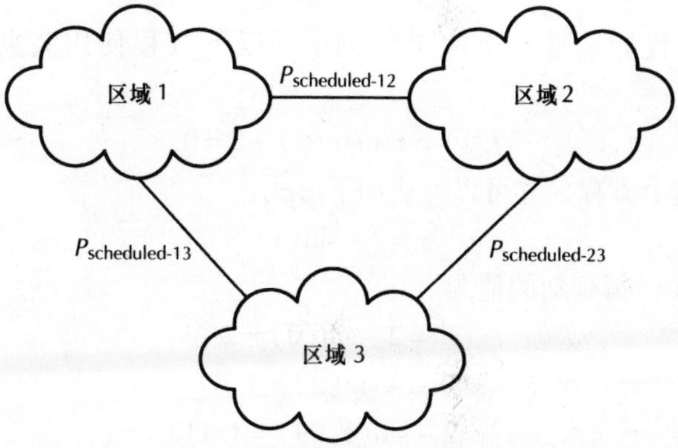

图 3.8　在设定值上区域控制确保了不同区域之间潮流被设置

3.3.4　潮流技术

潮流是代表了平衡稳态运行电力系统[9,10]的一组非线性方程。

两组方程，即网络方程 $I = YV$ 和功率方程 $S = VI^*$，应该同时被求解来获得 V 和 I 值。不同的迭代方法已被开发用于求解这些方程。这些方法具有不同的特性，例如存储要求、时间求解方案、鲁棒性等。后面将会给出不同潮流方法的简要综述。

对于母线 k 来说，网络方程 $I = YV$ 和功率方程 $S = VI^*$ 可以表示为

$$I_k = \frac{(P_k - \text{j}Q_k)}{V_k^*} \tag{3.1}$$

$$I_k = Y_{kk}V_k + \sum_{\substack{i=1 \\ i\neq k}}^{n} Y_{ki}V_i \tag{3.2}$$

其中，I_k，V_k，P_k和Q_k分别对应母线k上的注入电流、电压、注入有功功率和无功功率。请注意这些方程中所使用的惯例是注入的I，P，Q均为正值，而输出网络的值均为负值。Y_{ki}是Y矩阵的第ki个元素。

通过整理上述两个方程，消去其中的I_k得到以下方程：

$$V_k = \frac{P_k - \mathrm{j}Q_k}{Y_{kk}V_k^*} - \frac{1}{Y_{kk}}\sum_{\substack{i=1 \\ i\neq k}}^{n} Y_{ki}V_i \tag{3.3}$$

这个复数方程可以分解成两个实数方程从而获得电压幅值和相位（负荷母线）这两个未知数。

1. 高斯，高斯—赛德尔

这些是使用代数方程表示形式的非导数法

$$V^{n+1} = f(V^n) \tag{3.4}$$

其中，n代表迭代数。举一个简单的例子，以下方程使用高斯—赛德尔方法求解：

$$f(x) = x + \sin(x) - 2 = 0$$

为了求解这个方程，它可以写成如下形式：

$$x = 2 - \sin(x)$$

初始值$x=0$，得到新的值为

$$x^1 = 2 - \sin(0) = 2$$
$$x^2 = 2 - \sin(2) = 1.09$$
$$x^3 = 2 - \sin(1.09) = 1.113$$
$$x^4 = 2 - \sin(1.113) = 1.103$$
$$x^{13} = 2 - \sin(1.0606) = 1.10606$$

与之前所提供的例子相似，式（3.3）可以写成

$$V_k^{m+1} = \frac{P_k - \mathrm{j}Q_k}{(V_k^m)^* Y_{kk}} - \frac{1}{Y_{kk}}\sum_{\substack{i=1 \\ 1\neq k}}^{n} Y_{ki}V_i^m \tag{3.5}$$

式（3.5）被称为高斯公式。式（3.5）也可以略加修改，结果为高斯—赛德尔公式。

$$V_k^{m+1} = \frac{P_k - \mathrm{j}Q_k}{(V_k^m)^* Y_{kk}} - \frac{1}{Y_{kk}}\sum_{i=1}^{k-1} Y_{ki}V_i^{m+1} - \frac{1}{Y_{kk}}\sum_{i=k+1}^{n} Y_{ki}V_i^m \tag{3.6}$$

应该注意到式（3.6）高斯—赛德尔公式是通过把高斯公式拆为两项的第二项获得的，第一项$\left(-1/Y_{kk}\sum_{\substack{i=1 \\ k\neq 1}}^{n} Y_{ki}V_i^m\right)$对应于已经被迭代$m+1$次所计算出的

新电压的母线，第二项$\left(-1/Y_{kk}\sum_{i=1}^{k-1}Y_{ki}V_i^m\right)$对应于在 $m+1$ 次迭代中无新电压值产生的母线。

这两个方程中每一个都需迭代求解，直到校正后的值小于阈值。

对于已经根据电压幅值设定电压的发电机母线，式（3.7）可以用于获取 Q_k。

$$Q_k = -\operatorname{Im} g[V_k^* \sum_{i=1}^{n} Y_{ki} V_i] \tag{3.7}$$

Q_k的值代入式（3.5）和式（3.6）中可以获得发电机电压幅值和相位的新值。忽略电压幅值，使用相位值。如果发电机 Q 变得大于 $Q_{\max}$或者小于 $Q_{\min}$，则 Q 将会被视为在负荷母线中设置的极限值（$Q=Q_{\max}$或 $Q=Q_{\min}$）。

为了迅速求解，在求解新值时引入了一个加速因子

$$V_k^{\text{new}} = V_k^{\text{old}} + \alpha(V_k^{\text{new}} - V_k^{\text{old}}) \tag{3.8}$$

例 3.1　已知 $x_1=0$，$x_2=0$，用高斯和高斯—赛德尔方法求解以下方程：

$$x_1 = 2-\sin(x_1)-x_2$$
$$x_2 = 3-x_1-\sin(x_2)$$

用高斯法求解结果为

$$x_1(1)=2-\sin(0)-0=2$$
$$x_2(1)=3-0-\sin(0)=3$$
$$x_1(2)=2-\sin(2)-3=-1.9093$$
$$x_2(2)=3-2-\sin(3)=0.8589$$

用高斯—赛德尔法求解结果为

$$x_1(1)=2-\sin(0)-0=2$$
$$x_2(1)=3-2-\sin(0)=1$$
$$x_1(2)=2-\sin(2)-1=0.09070$$
$$x_2(2)=3-0.09070-\sin(1)=2.0678$$

例 3.2　用高斯法求解以下双母线系统潮流问题（见图 3.9）。

首先我们使用 Y_{12}开发 Y_{bus}矩阵

$$Y_{\text{bus}} = \begin{bmatrix} Y_{11} & Y_{12} \\ Y_{21} & Y_{22} \end{bmatrix} = \begin{bmatrix} \text{j}50 & -\text{j}50 \\ -\text{j}50 & \text{j}50 \end{bmatrix}$$

使用式（3.5）得出

$$V_2 = \frac{P_2 - \text{j}Q_2}{Y_{22}(V_2)^*} - \frac{1}{Y_{22}} Y_{21} V_1^*$$

$$V_2^{n+1} = \frac{-0.5-\text{j}(-0.5)}{-\text{j}50(V_2^n)^*} - \frac{1}{-\text{j}50}\text{j}50(1.06)$$

$$V_2^{n+1} = \frac{-0.5 - \mathrm{j}(-0.5)}{\mathrm{j}50(V_2^n)^*} + 1.06$$

为了求解这个方程，我们从 $V_2^0 = 1\angle 0.05$ 开始

$$V_2^1 = \frac{-0.5 - \mathrm{j}(-0.5)}{-\mathrm{j}50(\angle -0.05)} + (1.06) = 1.05 - \mathrm{j}0.01$$

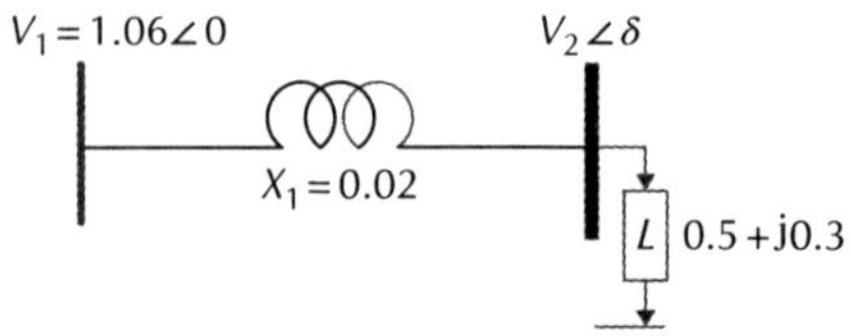

图 3.9　双母线系统

重复这个过程，直到 V_2 迭代到小于阈值。

为了加快求解过程，加速因子被引入获取新值。

2. 牛顿—迭代法

这种方法是基于围绕点 x 函数 $f(x+\mathrm{d}x)=0$ 的泰勒展开

$$f(x+\Delta x) = f(x) + f'\Delta x + - + - + = 0 \tag{3.9}$$

我们想找一个 Δx 使上述方程等于零

$$\Delta x = -\frac{f(x)}{f'(x)} \tag{3.10}$$

因为 $\Delta x = x\ (\text{new}) - x\ (\text{old})$

$$x(\text{new}) = x(\text{old}) - \frac{f(x)}{f'(x)} \tag{3.11}$$

这个方程可以用图形来描述。图 3.10 所示为一个非线性 $f(x)$ 的函数，X 的值需要通过 $f(X)=0$ 找到。假设初始点是 X_0，那么 $f(x)$ 可以通过在点（X_0，Y_0）处 $f(x)$ 的切线来近似。新解 X_1 能从三角形 ABC 中得到，已知的切线斜率等于 $f'(X_0)$，或者

$$f'(X_0) = \frac{[f(X_1) - f(X_0)]}{(X_1 - X_0)} \tag{3.12}$$

因为 $f(X_1)=0$，所以式（3.12）可以表示为

$$\Delta x = X_1 - X_0 = -\frac{f(X_0)}{f'(X_0)} \tag{3.13}$$

这代表了式（3.10）的重述。

在潮流求解中，上述公式可以写为

$$X^{n+1} = X^n + [J]^{-1} f(X^n) \tag{3.14}$$

［J］采用雅可比矩阵的表示形式

$$[J] = [f'(x)] = \left[\frac{\mathrm{d}f}{\mathrm{d}x}\right] \tag{3.15}$$

为了阐明这种方法，前面所给出的简单的例子采用了牛顿—迭代法来进行求解。

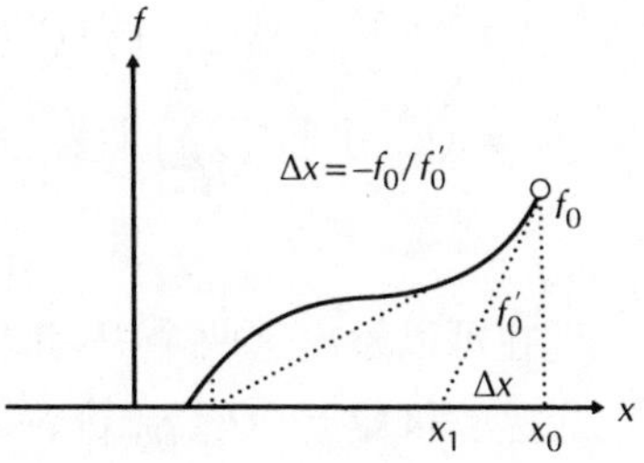

图 3.10　牛顿方法的图形表示

$$f(x)=x+\sin(x)-2=0$$

$$f'(x)=1+\cos(x)$$

$$\Delta x=x^{k+1}-x^k=-\frac{f(x^k)}{f(x^k)'}$$

$$x^0=0$$

$$\Delta x=\frac{0+\sin(0)-2}{1+\cos(0)}=x^1-x^0$$

$$x^1=x^0+1=1$$

$$\Delta x=-\frac{(1+\sin(1)-2)}{1+\cos(1)}=x^2-x^1$$

$$x^2=1.103$$

$$\Delta x=\frac{1.103+\sin(1.103)-2}{1+\cos(1.103)}=x^1-x^0$$

$$x^3=1.10603$$

这个例子显示牛顿法得到了与 3 次迭代高斯—赛德尔法相同的结果，而不是 11 次迭代。

为了应用该方法进行潮流计算，式（3.3）可以重新表示为

$$P_k-\mathrm{j}Q_k=V_k^*\sum_{i=1}^{n}(G_{ki}+\mathrm{j}B_{ki})V_i \tag{3.16}$$

其中，$G_{ki}+\mathrm{j}B_{ki}$是 Y_{bus}矩阵的第 ki 个元素。

这个方程可以写成如下形式：

$$P_k-\mathrm{j}Q_k=|V_k|\sum_{i=1}^{n}(G_{ki}+\mathrm{j}B_{ki})V_i[\cos(\vartheta_i-\vartheta_k)]+\mathrm{j}\sin(\vartheta_i-\vartheta_k) \tag{3.17}$$

根据这两个方程，能够获得每条母线的 P_k 和 Q_k 值。

$$P_k=|V_k|\sum_{i=1}^{n}|V_i|[G_{ki}\cos(\vartheta_k-\vartheta_i)+B_{ki}\sin(\vartheta_k-\vartheta_i)] \tag{3.18}$$

$$Q_k=|V_k|\sum_{i=1}^{n}|V_i|[G_{ki}\sin(\vartheta_k-\vartheta_i)-B_{ki}\cos(\vartheta_k-\vartheta_i)] \tag{3.19}$$

可以把式（3.18）与式（3.19）写为以下的形式：

$$f_1=P_k-|V_k|\sum_{i=1}^{n}|V_i|[G_{ki}\cos(\vartheta_k-\vartheta_i)+B_{ki}\sin(\vartheta_k-\vartheta_i)]=0 \tag{3.20}$$

和

$$f_2 = Q_k - |V_k| \sum_{i=1}^{n} |V_i| [G_{ki}\sin(\vartheta_k - \vartheta_i) - B_{ki}\cos(\vartheta_k - \vartheta_i)] = 0 \tag{3.21}$$

现在可以解出这两个 P 和 Q 数值属于变化的方程。称 P_k 和 Q_k 分别为 $\mathbf{P}_{sp}$（$P_{specified}$）和 $\mathbf{Q}_{sp}$（$Q_{specified}$），这些值在母线上是特定的，并且是我们正在寻找的使上述方程为零的电压与角度的结果。

根据式（3.20）和式（3.21），每条母线中 P 和 Q 的误差是以矩阵的形式计算和给出的。

$$x(\text{new}) = x(\text{old}) - \frac{f(x)}{f(x)'} \tag{3.22}$$

因此，需要建立式（3.23）所给出与 V 和 ϑ 相关向量 $f(x)$ 的导数 $f(x)'$。

$$\begin{bmatrix} f_1 \\ f_2 \end{bmatrix} = \begin{bmatrix} \Delta P \\ \Delta Q \end{bmatrix} = \begin{bmatrix} \partial P/\partial\Theta & \partial P/\partial V \\ \partial Q/\partial V & \partial Q/\partial V \end{bmatrix} \begin{bmatrix} \Delta\Theta \\ \Delta V \end{bmatrix} \tag{3.23}$$

其中，ΔP 为一个向量包括了式（3.20）中所给出的若干个 f_1 函数，ΔQ 是一个包含了式（3.21）中所给出的若干个 f_2 函数的向量。

这些方程组不断迭代求解，直到得到小于阈值的值。

对于具有固定电压幅值的发电机母线来说，只有 P 需要指定。如果 Q 值大于 Q_{max} 或小于 Q_{min}，那么它将会像负荷母线那样，被强制为 $Q = Q_{max}$ 或 $Q = Q_{min}$。

例 3.3　使用牛顿—迭代法求解双母线系统。

解法

使用系统参数，可以把式（3.18）和式（3.19）写成

$$\begin{aligned} P_2 &= |V_2| \sum_{i=1}^{2} |V_i| [B_{2i}\sin(\vartheta_2 - \vartheta_1)] \\ &= B_{21}V_1V_2\sin(\vartheta_2 - \vartheta_1) + B_{22}V_2^2\sin(\vartheta_2 - \vartheta_2) \end{aligned}$$

$$\begin{aligned} Q_2 &= |V_2| \sum_{i=1}^{n} |V_i| [-B_{2i}\cos(\vartheta_2 - \vartheta_1)] \\ &= -B_{21}V_1V_2\cos(\vartheta_2 - \vartheta_1) - B_{22}V_2^2\cos(\vartheta_2 - \vartheta_2) \end{aligned}$$

进而得出

$$P_2 = B_{21}V_1V_2\sin(\vartheta_2) + B_{22}V_2^2\sin(\vartheta_2 - \vartheta_2) = B_{21}V_1V_2\sin(\vartheta_2)$$

$$Q_2 = -B_{21}V_1V_2\cos(\vartheta_2-\vartheta_1) - B_{22}V_2^2\cos(\vartheta_2-\vartheta_2) = -B_{21}V_1V_2\cos(\vartheta_2) - B_{22}V_2^2$$

已知 $B_{21} = -1/X_{21}$ 和 $B_{22} = 1/X_{22}$，得出

$$P_2 = \frac{V_1V_2}{X_{21}}\sin(\vartheta_2)$$

$$Q_2 = \frac{V_1V_2}{X_{21}}\cos(\vartheta_2) - \frac{V_2^2}{X_{21}}$$

$$f_1 = P_{2\text{spec}} - \frac{V_1V_2}{X_{21}}\sin(\vartheta_2) = 0$$

$$f_2 = Q_{2\text{spec}} - \left[\frac{V_1V_2}{X_{21}}\cos(\vartheta_2) - \frac{V_2^2}{X_{21}}\right] = 0$$

$$\begin{bmatrix} f_1 \\ f_2 \end{bmatrix} = \begin{bmatrix} \Delta P_2 \\ \Delta Q_2 \end{bmatrix} = \begin{bmatrix} \partial P_2/\partial\Theta_2 & \partial P_2/\partial V_2 \\ \partial Q_2/\partial V_2 & \partial Q_2/\partial V_2 \end{bmatrix}\begin{bmatrix} \Delta\Theta_2 \\ \Delta V_2 \end{bmatrix}$$

$$= \begin{bmatrix} \frac{V_1V_2}{X_{21}}\cos(\vartheta_2) & \frac{V_1}{X_{21}}\sin(\vartheta_2) \\ \frac{V_1V_2}{X_{21}}\sin(\vartheta_2) & -\frac{V_1}{X_{21}}\cos(\vartheta_2) + \frac{2V_2}{X_{21}} \end{bmatrix}\begin{bmatrix} \Delta\Theta_2 \\ \Delta V_2 \end{bmatrix}$$

先假设初值 $V_2 = 1$，$\Theta_2 = 0.05$，然后继续计算。

使用上述公式来计算 $\begin{bmatrix} \Delta\Theta_2 \\ \Delta V_2 \end{bmatrix}$。

$$\begin{bmatrix} -0.5-2.648896 \\ -0.3-(-2.93376) \end{bmatrix} = \begin{bmatrix} 52.93376 & 2.648896 \\ 2.648896 & 47.06624 \end{bmatrix}\begin{bmatrix} \Delta\Theta_2^1 \\ \Delta V_2^1 \end{bmatrix}$$

$$\begin{bmatrix} \Delta\Theta_2^1 \\ \Delta V_2^1 \end{bmatrix} = \begin{bmatrix} 52.93376 & 2.648896 \\ 2.648896 & 47.06624 \end{bmatrix}^{-1}\begin{bmatrix} -0.5-2.648896 \\ -0.3-(-2.93376) \end{bmatrix} = \begin{bmatrix} -0.06246 \\ -0.05974 \end{bmatrix}$$

$$\begin{bmatrix} \Theta_2^1 \\ V_2^1 \end{bmatrix} = \begin{bmatrix} \Theta_2^0 \\ V_2^0 \end{bmatrix} + \begin{bmatrix} -0.06246 \\ 0.05947 \end{bmatrix} = \begin{bmatrix} -0.01246 \\ 1.05947 \end{bmatrix}$$

继续这个过程直到 $\begin{bmatrix} \Delta\Theta_2 \\ \Delta V_2 \end{bmatrix}$ 变得小于阈值。

3. 解耦，快速解耦

通过简化雅可比矩阵，消除 $P-V$ 和 $Q-\Theta$ 的联系，得到解耦方程。潮流公式被简化为

$$\begin{bmatrix} \Delta P \\ \Delta Q \end{bmatrix} = \begin{bmatrix} \partial P/\partial\Theta & 0 \\ 0 & \partial Q/\partial V \end{bmatrix}\begin{bmatrix} \Delta\Theta \\ \Delta V \end{bmatrix} \tag{3.24}$$

雅可比矩阵的元素是电压依赖的，并且每次迭代都有计算。解耦公式的优点是存储要求通过一个因子被减少 35% ~40%，并且每次迭代的计算量减少了 10% ~

20%[11,12]。Stott 和 Alsac[13]建议进一步简化解耦公式，得出一个连续的雅可比矩阵。由于求解一系列定常线性方程，潮流的公式减少了。

$$\Delta P=(VB'V)\Delta\Theta \tag{3.25}$$

$$\Delta Q=(VB''V)\Delta V \tag{3.26}$$

这里 B'和 B''都等于 $-B$ 这个网络导纳矩阵。B 矩阵是 $Y=G+\mathrm{j}B$ 的虚部，仅包含实数并且与矩阵 Y 相似。以下的简化可以进一步提高迭代过程的收敛速度[13]。

1）影响无功潮流的网络元素，如并联电抗从 B'中被删除，移相器从 B''中被删除；

2）式（3.25）与式（3.26）转化为如下方程：

$$\frac{\Delta P}{V}=B'\Delta\Theta \tag{3.27}$$

$$\frac{\Delta Q}{V}=B''\Delta V \tag{3.28}$$

这种方法可以快速可靠地收敛。如果假设高 X/R 比例条件为假，则导致收敛性差。Haley 和 Ayres[14]推荐了一种方法，通过简洁的电压转化和功率注入去解决快速解耦潮流计算收敛性差的问题。新的算法被称为超解耦潮流，可以有效地处理 X/R 比率低的系统。

参考文献［15］给出的方法，来源于开发快速解耦方法时的一个错误，它不同于原来替代消除 B'中串联电阻影响的方法，在 B''中这种方法删除了它们。

例 3.4 使用解耦合快速解耦的牛顿—迭代法求解例 3.1。

解法

使用雅可比矩阵并且消除 $P-V$ 和 $Q-\Theta$ 的关系，用解耦的牛顿—迭代法获得以下的雅可比矩阵。

$$\begin{bmatrix}\dfrac{\partial P_2}{\partial\Theta_2} & 0\\ 0 & \dfrac{\partial Q_2}{\partial V_2}\end{bmatrix}=\begin{bmatrix}\dfrac{V_1V_2}{X_{21}}\cos(\vartheta_2) & 0\\ 0 & -\dfrac{V_1}{X_{21}}\cos(\vartheta_2)+\dfrac{2V_2}{X_{21}}\end{bmatrix}$$

得出以下关系：

$$\begin{bmatrix}f_1\\ f_2\end{bmatrix}=\begin{bmatrix}\Delta P_2\\ \Delta Q_2\end{bmatrix}=\begin{bmatrix}\dfrac{\partial P_2}{\partial\Theta_2} & 0\\ 0 & \dfrac{\partial Q_2}{\partial V_2}\end{bmatrix}\begin{bmatrix}\Delta\Theta_2\\ \Delta V_2\end{bmatrix}$$

$$=\begin{bmatrix} \dfrac{V_1 V_2}{X_{21}}\cos(\vartheta_2) & 0 \\ 0 & -\dfrac{V_1}{X_{21}}\cos(\vartheta_2)+\dfrac{2V_2}{X_{21}} \end{bmatrix}\begin{bmatrix}\Delta\Theta_2\\ \Delta V_2\end{bmatrix}$$

通过假设初值 $V_2=1$ 和 $\Theta_2=0.05$ 开始，然后继续计算。

使用上述方程来计算$\begin{bmatrix}\Delta\Theta_2\\ \Delta V_2\end{bmatrix}$。

$$\begin{bmatrix}-0.5-2.648896\\ -0.3-(2.93376)\end{bmatrix}=\begin{bmatrix}52.93376 & 0\\ 0 & 47.06624\end{bmatrix}\begin{bmatrix}\Delta\Theta_2^1\\ \Delta V_2^1\end{bmatrix}$$

$$\begin{bmatrix}\Delta\Theta_2^1\\ \Delta V_2^1\end{bmatrix}=\begin{bmatrix}52.93376 & 0\\ 0 & 47.06624\end{bmatrix}^{-1}\begin{bmatrix}-0.5-2.648896\\ -0.3-(2.93376)\end{bmatrix}=\begin{bmatrix}-0.05949\\ 0.055959\end{bmatrix}$$

$$\begin{bmatrix}\Theta_2^1\\ V_2^1\end{bmatrix}=\begin{bmatrix}\Theta_2^0\\ V_2^0\end{bmatrix}+\begin{bmatrix}-0.05949\\ 0.055959\end{bmatrix}=\begin{bmatrix}-0.00949\\ 1.055959\end{bmatrix}$$

继续这个过程直到$\begin{bmatrix}\Delta\Theta_2\\ \Delta V_2\end{bmatrix}$变比值小于阈值。

解法

从式（3.27）和式（3.28）中，得到

$$\Delta\Theta=[B']^{-1}\left(\frac{\Delta P}{V}\right)$$

$$\Delta V=[B'']^{-1}\left(\frac{\Delta Q}{V}\right)$$

已知

$$Y_{\text{bus}}=G+\text{j}B=\begin{bmatrix}Y_{11} & Y_{12}\\ Y_{21} & Y_{22}\end{bmatrix}=\begin{bmatrix}\text{j}50 & -\text{j}50\\ -\text{j}50 & \text{j}50\end{bmatrix}$$

则 B 矩阵通过这个例子变为

$$B=\begin{bmatrix}50 & -50\\ -50 & 50\end{bmatrix}$$

如果现在因为母线 1 是松弛母线而忽略与它相关的项，则得到

$$B=50$$

假设初值 $V_2=1$ 和 $\Theta_2=0.05$，得到下面的值：

$$\Delta\Theta_2^1=[B']^{-1}\left(\frac{\Delta P_2}{V_2}\right)=[-50]^{-1}\left(\frac{-0.5-2.648896}{1.0}\right)=-0.06298$$

$$\Delta V_2^1=[B'']^{-1}\left(\frac{\Delta Q_2}{V_2}\right)=[-50]^{-1}\left(\frac{-0.3-(-2.93376)}{1.0}\right)=0.05276$$

$$\begin{bmatrix} \Theta_2^1 \\ V_2^1 \end{bmatrix} = \begin{bmatrix} \Theta_2^0 \\ V_2^0 \end{bmatrix} + \begin{bmatrix} -0.06298 \\ 0.05276 \end{bmatrix} = \begin{bmatrix} -0.01298 \\ 1.052675 \end{bmatrix}$$

再次，继续重复这个过程直到$\begin{bmatrix} \Delta\Theta_2 \\ \Delta V_2 \end{bmatrix}$变化值小于阈值。

4. DC 潮流

这些方法使用一个近似的潮流模型，并当只有一个近似的结果被要求时，这些方法才被采用。

当线性电阻被忽略（$G_{ki}=0$）和电压假设为统一的（$V_i=1$）时，从式（3.18）得到 DC 潮流公式，其结果表示为 P 和 ϑ 的形式。

$$P_k = \sum_{i=1}^{n} [B_{ki}\sin(\vartheta_k - \vartheta_i)] \tag{3.29}$$

其中，P_k 是注入母线 k 的功率。

假设（$\vartheta_k-\vartheta$）值很小，可以近似 $\sin(\vartheta_k-\vartheta_i)$为

$$\sin(\vartheta_k - \vartheta_i) = (\vartheta_k - \vartheta_i) \tag{3.30}$$

将式（3.30）与式（3.29）中的 $\sin(\vartheta_k-\vartheta_i)$替换，得到

$$P_k = \sum_{i=1}^{n} [B_{ki}(\vartheta_k - \vartheta_i)] = \sum_{i=1}^{n} [-B_{ki}(\vartheta_i)]^1$$

它可以被转换成以下形式：

$$P = -[B][\vartheta] \tag{3.31}$$

其中，P 和 ϑ 是注入功率和在不同母线上角度的矢量，B 是前面描述的导纳矩阵。

例 3.5 用 DC 潮流求解例 3.1。

解法

例 3.1 的 Y 矩阵为

$$Y_{\text{bus}} = G + \text{j}B = \begin{bmatrix} Y_{11} & Y_{12} \\ Y_{21} & Y_{22} \end{bmatrix} = \begin{bmatrix} J50 & -J50 \\ -J50 & J50 \end{bmatrix}$$

所以这个例子的 B 矩阵为

$$B = \begin{bmatrix} 50 & -50 \\ -50 & 50 \end{bmatrix}$$

如果因为母线 1 是松弛母线而忽略与母线 1 相关的项，从而得到

$$B = 50$$

$$P_2 = -B\theta_2 = -50\theta_2$$

$$-0.5 = -B\theta_2 = -50\theta_2$$

$$\theta_2 = 0.01$$

5. 功率比较

根据早期描述的潮流法，以下是目前使用的一些方法：

1）牛顿迭代法；

2）高斯—赛德尔；

3）快速解耦；

4）改进版快速解耦；

5）DC。

高斯—赛德尔对于启动潮流的解决是很可靠的方案，因为它对差的初始电压和无功功率条件非常宽容。该方法收敛速度慢，并且在某些应力情况下可以不收敛。该方法对计算机的存储要求低，但是系统大小对它的计算时间影响很大。具文献［16］报道，这种方法对松弛母线的位置条件要求较高，对以下几种情况求解起来较困难：

1）系统角度超过 70°；

2）含负电抗的系统，例如串联补偿；

3）长短线终止于同一母线，变比超过 1000 的系统；

4）长放射状系统；

5）最后，在方法中迭代次数是一个加速因子的函数。

牛顿—迭代法是可用的最可靠的潮流法。它有一个很好的（二次）收敛速度，并且它的计算时间随系统的大小呈线性关系。这种方法对初始条件不好的情况较敏感，并且在潮流求解开始时能够产生疑问。这种方法适用于高精度要求的大型应用。高斯—赛德尔和牛顿法的收敛性质近似，可以结合使用，首先开始时用高斯—赛德尔法，然后经过几次迭代，可以切换到牛顿法。

快速解耦潮流法比完全牛顿—迭代法更快，因为它没有重新计算雅可比矩阵。计算机内存需求也因为线性收敛速度而变低。这些方法与牛顿—迭代法方法相比对初始条件没有那么敏感。使用大的 *R/X* 比率时原来的快速解耦方法存在问题。修改版本后的快速解耦法[15,14]更适合这些方法。

DC 法解决了有功功率在潮流中的计算问题，并且它被用于需要近似或简化潮流表示的应用中，例如负荷经济分配。

不同潮流方法特性的比较见表 3.2。

表 3.2　比较不同功率流

方法	开始性能	稳定性	收敛速度	精度	处理能力
高斯—赛德尔	可靠	一般	慢	高	好
牛顿—迭代法	一般	很好	快	高	线性
快速解耦法	一般	好	快	高	差
牛顿—迭代法 DC	可靠	非常好	快	一般	差

这里 b_i是单位合集

$$b_i = \left\{\begin{bmatrix}1\\0\end{bmatrix},\begin{bmatrix}0\\1\end{bmatrix}\right\} = \{b_a, b_b\}$$

通过求解系统方程得出 x_1和 x_2

$$\begin{bmatrix}1 & 2\\3 & 4\end{bmatrix}\begin{bmatrix}a_1\\a_2\end{bmatrix} = \begin{bmatrix}1 & 0\\3 & 1\end{bmatrix}\underbrace{\begin{bmatrix}1 & 2\\0 & -2\end{bmatrix}\begin{bmatrix}a_1\\a_2\end{bmatrix}}_{z} = \begin{bmatrix}1\\0\end{bmatrix} = b_a$$

执行正向替代

$$\begin{bmatrix}1 & 0\\3 & 1\end{bmatrix}\begin{bmatrix}z_1\\z_2\end{bmatrix} = \begin{bmatrix}1\\0\end{bmatrix}$$

$$z_1 = 1$$

$$3z_1 + 1z_2 = 0 \to z_2 = -3$$

然后，执行反向替换

$$\begin{bmatrix}1 & 2\\0 & -2\end{bmatrix}\begin{bmatrix}a_1\\a_2\end{bmatrix} = \begin{bmatrix}1\\-3\end{bmatrix}$$

之后可以得到 a 的值

$$a_2 = \frac{3}{2}$$

$$a_1 + 2a_1 = 1 \to x_1 = -3$$

现在可以得到 a_3和 a_4的值

$$\begin{bmatrix}1 & 0\\3 & 1\end{bmatrix}\underbrace{\begin{bmatrix}1 & 2\\0 & -2\end{bmatrix}\begin{bmatrix}a_3\\a_4\end{bmatrix}}_{z} = \begin{bmatrix}0\\1\end{bmatrix} = b_b$$

定义 z 并且进行正向替换，得到

$$\begin{bmatrix}1 & 0\\3 & 1\end{bmatrix}\begin{bmatrix}z_3\\z_4\end{bmatrix} = \begin{bmatrix}0\\1\end{bmatrix}$$

$$z_3 = 0$$

$$3z_3 + 1z_4 = 0 \to z_3 = 1$$

现在进行反向替换

$$\begin{bmatrix}1 & 2\\0 & -2\end{bmatrix}\begin{bmatrix}a_3\\a_4\end{bmatrix} = \begin{bmatrix}0\\1\end{bmatrix}$$

最后可以通过反相替换得到 x

$$a_4 = -\frac{1}{2}$$

$$a_3 + 2a_4 = 1 \to a_3 = 1$$

最后，矩阵的逆可以得出

$$A^{-1}=\begin{bmatrix}a_1 & a_3\\ a_2 & a_4\end{bmatrix}=\begin{bmatrix}-2 & 1\\ \frac{3}{2} & -\frac{1}{2}\end{bmatrix}$$

在给出的初始方程中测试结果

$$\begin{bmatrix}x_1\\ x_2\end{bmatrix}=A^{-1}\begin{bmatrix}1\\ 2\end{bmatrix}=\begin{bmatrix}-2 & 1\\ \frac{3}{2} & -\frac{1}{2}\end{bmatrix}\begin{bmatrix}1\\ 2\end{bmatrix}=\begin{bmatrix}(-2\times 1)+(1\times 2)\\ \left(\frac{3}{2}\times 1\right)+\left(-\frac{1}{2}\times 2\right)\end{bmatrix}=\begin{bmatrix}0\\ \frac{1}{2}\end{bmatrix}=\begin{bmatrix}x_1\\ x_2\end{bmatrix}$$

3.3.6 稀疏

在因式分解雅可比矩阵 A 中，它是一个稀疏矩阵的几率（高达 97%），重要的是以稀疏矩阵[13]结束最小化所需计算量。使用最优排序的稀疏技术对于求解大型网络方程是很有必要的。

3.3.7 不同潮流方案和应用

关于潮流控制的不同的假设和规格可以被用来代表不同的系统方案。这些方案包括故障前和故障后的系统条件。

基本上有两种类型的潮流求解应用方法被使用，即稳态分析和准动态研究。

1. 稳态应用

稳态应用是针对那些最初设计的潮流，即计算所给的各发电厂和网络中发电机的产出功率，以及电力系统所有母线上的负荷消耗的运行条件。这些应用的例子包括：

1）为了获得潮流和电压等参数，故障前稳态系统的条件；

2）为了获得伴随有故障的潮流和电压的故障后稳态系统的条件。

所采用的控制取决于最感兴趣的稳态时间框架。

在这一类别中，可以识别下列应用程序：

1）在故障前和故障后的条件下，识别任何电压和潮流异常的静态安全评估；

2）识别最大系统余量或负荷增加的电压稳定性研究；

3）其他系统参数的计算，例如损耗和发电机无功损耗等。

在这些应用中，当有载调压变压器有足够的时间操作并保持负荷母线电压时，负荷通常用常量 P 和 Q 表示。有载调压变压器、移相器和区域交换控制通常也被包括在计算范围内。

2. 准动态应用

在这些应用中，潮流解决方案被用于事故发生时系统运行条件下的快照。

例如，在故障发生时，如发电量或负荷损失，系统的运行条件可以用潮流解决方案的一个惯性潮流[18]进行评估。基本上在惯性潮流中，发电量或负荷的损耗（增加）分布在不同系统发电机中与它们的惯性成正比。依据就是系统故障发生后，发电机将立即利用自身的惯性按比例填补损失的电量。同样的，全部发电机调速器作出反应后，系统的响应可以通过系统中基于不同电动机调速器参与的负荷分布来进行建立[17]。最后，通过在调节单元中平衡的发电量来评估自动发电控制系统的操作条件。

问题和难点

3.1　列出潮流计算中使用的 3 类母线。

3.2　列出 6 个潮流控制装置，包括控制参数和控制目标。

3.3　比较不同潮流方法的特性。

3.4　矩阵 Y 的意义是什么？

3.5　描述解耦合快速解耦潮流法的不同。

3.6　区域控制器、移相变压器和调压变压器的功能是什么？

3.7　命名以下两大类潮流应用。

3.8　系统如图 3.11 所示，在以下的初始条件和系统参数情况下，通过两次迭代用高斯法得出 V_2 和 δ_2。

$$V_1 = 1.07\angle 0$$

$$X_{12} = \mathrm{j}0.01$$

$$Y_{12} = -\mathrm{j}100$$

$$S_1 = 0.9 + \mathrm{j}0.2$$

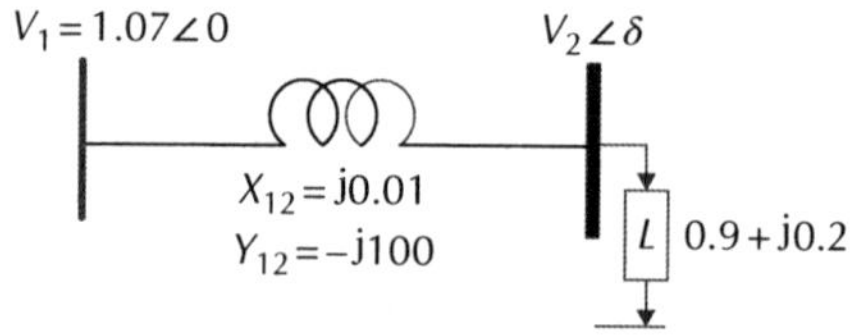

图 3.11　双母线系统

3.9　用 LUD 分解法求解下列方程：

$$\begin{bmatrix} 1 & 3 \\ 4 & 2 \end{bmatrix}\begin{bmatrix} x_1 \\ x_2 \end{bmatrix} = \begin{bmatrix} 4 \\ 2 \end{bmatrix}$$

3.10　用 LUD 分解法求解 A 矩阵的逆。

$$A = \begin{bmatrix} 1 & 3 \\ 4 & 2 \end{bmatrix}$$

3.11　采用牛顿—迭代法两次迭代求解问题 3.8 的潮流问题。

第 4 章
电力系统姿态：静态安全性

4.1 关于电力系统姿态的操作员问题：静态安全性

NERC 由以下定义一个电力系统的安全性：

1）一个故障前后存在的可接受的操作条件；

2）系统穿越故障和达到故障操作条件后而不发生不稳定的能力。

第一项特征即故障前后存在的可接受的操作条件称为静态安全性。根据 NERC 的第 $n-1$ 标准，操作员需要确保系统状态保持在任何可接受故障下时，操作上都应可行。操作员需要回答的主要问题是系统在任何可接受故障后是否完好，在一定程度下如果没能实现，则他（或她）需采取的操作要使系统的姿态在运行操作上可行。

4.2 电力系统姿态过程：静态安全性

在任何具有可接受运行条件下，系统姿态的过程包括在所有接受故障建立后的系统检测，不管该系统是否运行在可接受的阈值之内，如：

1）变电站电压极限；

2）输电线路热极限；

3）发电机操作极限。

如果任何故障后，系统的条件是不能接受的，则操作员需要制定一个缓解计划，以应对该故障。他（或她）需要在系统姿态故障前或者故障后，以便系统运行条件成为可以接受的。

再回到驾驶一辆车的比喻，一个好司机不仅要监测目前的状况，并确保系统运行在可接受的阈值范围内，也应该积极调整汽车的状态，使它可以在任何一种情况下都能生存。因此，要确保它能够在事故中存活下来，操作员需要在故障发生前通过降低速度调整状态，或者在事件发生后的较短时间内操控汽车来调整状态。

通过对关于系统经验和知识的了解，系统操作员制定补救行动计划（Remedial Action Schemes，RAS）用于通常会导致系统操作上不可行的故障。这些 RAS 通常会涉及系统的自动启动或者应急故障后需要进行的网络调整。例如，RAS 涉及若干电容器组投入或若干电抗器切除。这些补救措施应该就位，从而向操作员提供支持，以确保在可接受的故障后系统能够正常。

4.3 电力系统姿态技术：静态安全性

存在两套静态安全姿态所需的技术：

1）故障分析应用；

2）补救措施的实施。

4.3.1 故障分析

安全评估有两个功能。第一是故障前操作状态下的违规检测，这是作为系统监控的一部分。第二，更加苛刻，安全评估功能是在模拟设计故障发生后对于越限故障的检测和评估，后者评估被称为故障分析。

对一组特定的故障设计案例进行故障分析。从理论上讲，对每个故障，整个系统的状态都应该被进行评估以识别和归类违规行为。那么调度规划者可以响应每个不安全的故障案例，并决定更改故障前系统的运行状态，以消除故障所造成的违规行为。或者制定控制策略以减少故障发生时的违规行为。

故障分析的简单方法是基于操作越限检测案例来模拟每个故障。然而在实践中，潮流模拟的大量故障案例的过程需要巨大的计算量。任何降低这种计算强度分析的努力都会节省大量的计算资源。

故障分析可分为三个不同的阶段：

（1）故障定义。这是详细列举所有会发生的有合理可能性的故障或者由安全标准检测所判定的故障过程。它们被限定在系统单元级别，即故障在系统中发生的位置。这个列表通常保持不变；然而，每一个故障可能因系统拓扑和发电有所不同。这个过程是最不耗时的阶段，并且为了仅仅升级变化所影响的那些故障的技术需要被处理。

（2）故障选择。这是通过排除大量没有违规操作的案例而缩短原始的故障冗长列表的过程。该选择被执行是为了缩短需要研究的故障列表，从而节省时间。该选择通过一个快速自动方法或通过人们多年经验的判断而执行。选择完毕后，将故障按其严重程度排序。当执行自动方法时，这个过程是最耗时的阶段，并且也为节省计算量提供了最大潜力。

（3）故障评估。这是评估已选故障的过程，通常使用负荷流量进行评估。随着故障定义和先前故障的选择，对于故障评估的计算要求保持相对恒定，并且与被评估的故障数量直接成正比。

故障的选择和排序是计算故障分析中最苛刻的一部分，并且是目前开发工作的焦点。近似的公式和结论被使用在速度上。从用户的角度来看，在自动方式中，故障定义和选择相结合的能力大大增强了评估更多未来工作条件的能力。

在故障分析中，电力系统最感兴趣的极限是那些支路潮流和母线电压。预测这些越限参数和评估研究状况所必需的周转时间的精度，主要基于工程判断和纯粹的权宜之计。

4.3.2　故障定义

针对故障后安全评估要考虑的故障，取决于电力公司和观测的可靠性标准。例如，在东北电力协调委员会的标准中，以下故障类型需要考虑：

1）双线路故障（Double Line Fault，DLF）；

2）断路器故障（Breaker Fault，BF）/LG 断路器失灵；

3）3 个 ph 母线故障；

4）三线的 ph 线路/变压器/发电机故障；

5）线路末端开路（Line End Open，LEO）；

6）无故断路器断开（Inadvertent Breaker Opening，IBO）。

故障定义一个简单的方法是由用户对每一个故障所引起的系统单元的手动定义。那么故障分析软件将使用这个定义来模拟故障对于系统的影响。

但是，要准确模拟故障，则每个故障的原始定义都应该被更新以反映在研究时电力系统的状态。要做到这一点，用户将被要求来更新每一个故障模拟的定义。由于每个故障对网络拓扑的依赖，这需要一个功能强大的人机界面，此外，在一个指定的时间范围内对大量的故障进行研究设置这些条件，所要求的时间使得这种方法难以管理。

故障定义的一个更智能的方法要求用户指定替代每个故障的开关操作。用户在所有断路器正常工作的前提下，将提供的断路器列表，以便隔离在列表中的每个故障。这种类型的故障定义如图 4.1 所示。

使用拓扑分析软件时，每个故障断路器操作可以把手动定义系统元件故障转换成自动方式。这也决定了由于在前期故障中开关和断路器的状态而引起的附加

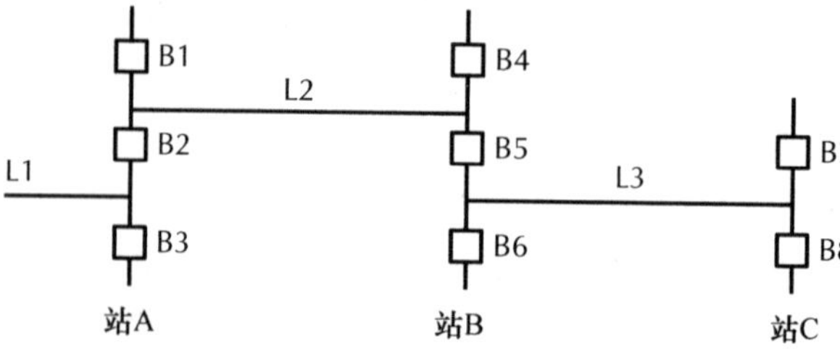

站A:分断断路器B1,B2
站B:分断断路器B4,B6
站C:分断断路器B7,B8

图 4.1　故障 B5 - BF（BF = 断路器失效）的故障定义

元件的损失。这些附加元件的损失被称为同情中断。图 4.2 所示为一个使用断路器状态电路定义故障的能源管理中在故障分析应用方面的典型实例。

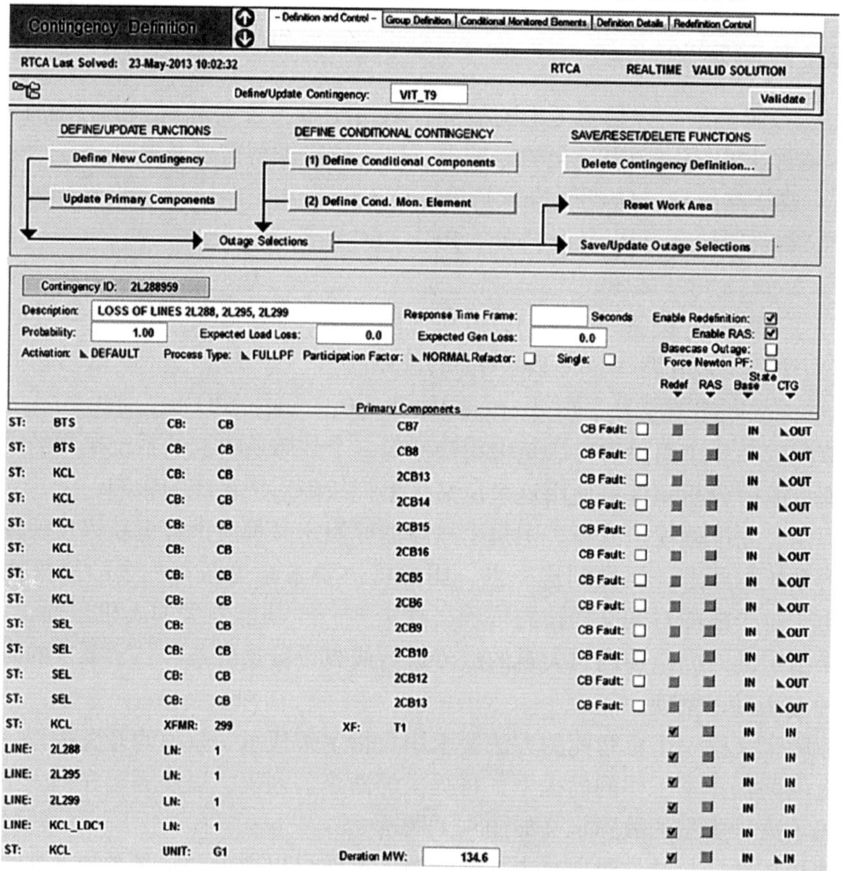

图 4.2　一个典型故障定义应用显示界面

4.3.3　故障选择

故障选择包括筛选和排序故障案例。筛选包括每个故障情况的快速近似潮流模拟。通过对故障后适当参数（潮流或电压）的品质监测，事件的严重程度可以以排序为目的直接被量化处理。

1. 故障筛选

故障筛选方案的目的是选择那些会在故障后导致潮流或电压违规的故障。为了加快故障筛选和排序的过程，通过近似计算方法来模拟故障后的工作状况。这些方法已被总结如下。

（1）DC 潮流。此类方法仅适用于筛选和排序潮流违规而对电压违规不起作用。DC 潮流的近似计算公式 $P=[Bx]\delta$ 被用来计算每一次意外事故后的潮流状态。上述方法的一个小的变化是从逆矩阵元素中推导出分布因子[19]。以下故障中，在每个监控分支中，潮流的变化是由分布系数乘以中断分支中的故障前潮流而得到的。推导分布系数的主要好处是避免了对每一个故障矩阵求逆的运算。然而，这种方法的问题在于分布因数在离线下提前计算时间，并且对于大型系统的实时计算需要巨大的存储要求。例如，假设有一个大约 3000 条传输线的 1000 条母线系统，假设也要监控着全部 3000 条传输分支中 2000 个故障的影响。对于这种情况，需要计算一个 3000×2000 的分布系数矩阵，如图 4.3 所示。这种方法的另一个缺点是它无法模拟更复杂的故障，如母线解列故障。

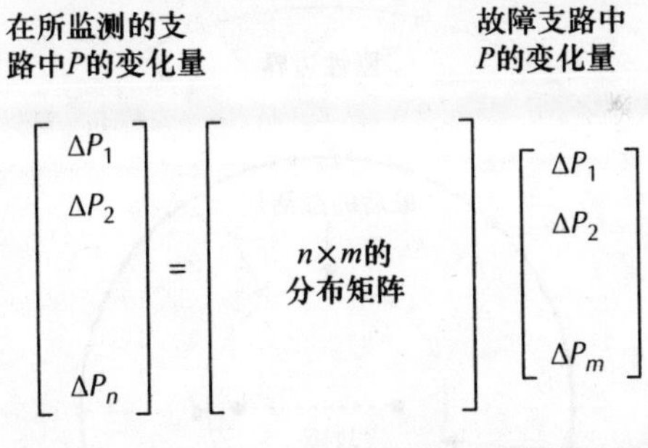

图 4.3　监视 n 个分支和 m 个故障情况下的分布系数矩阵

（2）快速潮流解耦的一次迭代。快速潮流解耦方法涉及 $\Delta P=[B']\Delta\delta$ 和 $\Delta Q=[B'']\Delta V$ 两个方程的解（式（3.23）和式（3.24）），组成常数矩阵 B' 和 B''。第一个方程 $\Delta P=[B']\Delta\delta$ 的一个迭代可用于加快有功功率应急筛选过程中的违规行为。

这种方法似乎比 DC 潮流法具有更高的精度[20]。但是，对电压违规故障分析，应该进行一个同时涉及两个方程的快速潮流解耦迭代。由于非线性问题和不能表示电压控制的特征，因此这种方法已证明是不可靠的[20]。

一个直接的方法是对每个故障情况建立一个矩阵，并针对潮流的解求解逆矩阵。例如，在 $\Delta P = [B']\Delta\delta$ 的 DC 潮流实例中，矩阵 $[B']$ 就是针对每种故障情况建立和求逆的。为了避免各种故障反演，可以使用补偿方法或矩阵求逆操作引理（Inverse Matrix Manipwlation Lemma，IMML）[21]。

这种方法是对基本情况部署逆矩阵和叠加导致故障的一些变化。这样消除了为每个故障进行矩阵求逆的必要。取而代之，使用有限的矩阵操作，像方程中所给的那样，它能在正常情况下的逆矩阵中导出故障后的逆矩阵。

$$[J_{post}]^{-1} = [J_{pre}]^{-1} - RQP \tag{4.1}$$

其中，R，Q 和 P 是反映故障影响的小矩阵。

（1）稀疏技术在推进故障筛选中发挥了重要作用。这些包括：

1）由于故障用于快速结合而引起网络变化[21]影响的补偿方法（IMML）；

2）使用因式分解方法[19]或局部因式分解方法[17]提高求逆速度的稀疏矩阵法。

（2）另一类可实现高速，减少计算机内存要求，并且快速适应的定位方法。同心松弛法[22]（它介绍了这个类问题的解）只在故障紧邻的网络截取一小部分进行求解，其余部分为恒定电压进行处理。潮流在被称为“刚性边界母线”的第二级相邻母线处进行计算并和故障前的数值进行比较。如图 4.4 所示，如果有足够的差异，则子系统自适应放大直到该子系统边界潮流计算具有足够的精度。这种方法的优势在于在大系统中，本地网络求解时间的独立性。同心松弛法的弱点如下：

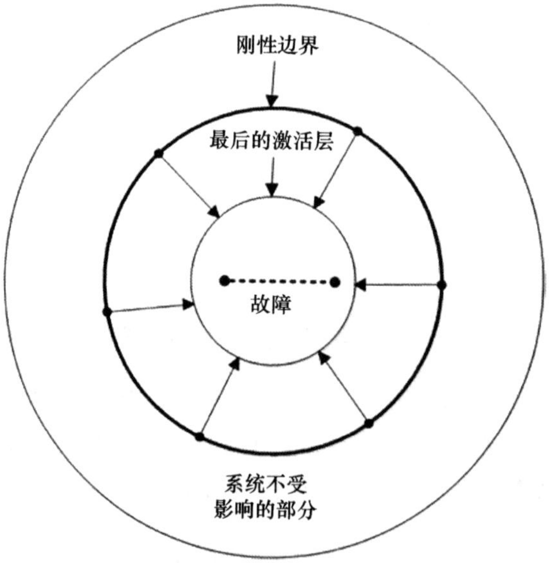

图 4.4 同心松弛法

1）不可靠的求解算法，比如高斯—塞德尔；

2）在所选求解区域之外错过处理严重问题的可能性；

3）需要求解若干规模日益扩大的系统；

4）对于选择小系统母线，缺乏一个一致的标准。

更先进的定位法叫边界法，它通过建立边界规则来确定所需求解网络的影响区域。这些方法主要不同的属性在于限定一个边界准则，它可以在系统任何地方识别受影响的母线。这些方法已成功地应用于有功功率和电压故障筛选[23]。

加快这一过程的另一种方法是消除网络中不受监控的部分[24]。消除法的益处只是它减小了计算量。计算量可以用各种方法测量。它是一个消减了网络母线、分支和网络矩阵因子元素[20]数目的函数，但消除所有不想要的母线可能会弄巧成拙，因为许多等效分支可以通过简化矩阵来产生。更先进的网络简化方法是通过保持母线的最小数量来提供一个最佳的网络缩减，以确保[25]简化矩阵因子的稀疏性。

新方法[26]表明，预筛选的新方法能通过识别绝对无害的事故使这一过程更加高效。一组严重故障测量系统被采用从一大组候选故障中可靠地识别无害故障。结果显示该预筛选方法比筛选方法要快一倍[27]。

2. 故障排序

只要对故障产生的影响进行计算，就可以对故障的严重性进行排序。这是通过对公式

$$F = \sum f_i \tag{4.2}$$

选择一个性能指数来实现的，其中 f_i 是一个函数，表示过载状况。

F 的实例如下：

$$F = \sum \left| \frac{I_t}{I_{t0}} \right|^2 \tag{4.3}$$

$$F = \sum \left| \frac{(Q_g - Q_{g0})}{Q_{g0}} \right| \tag{4.4}$$

$$F = \sum \left| \frac{(|V_m| - |V_{m0}|)}{|V_{m0}|} \right| \tag{4.5}$$

其中，I_{t0}，Q_{g0}，V_{m0}分别代表最大额定电流、发电机的无功功率和母线电压。性能指数不必是一个纯粹的数学公式。例如，该指数可能会合并最大的违规故障。最流行的性能指标是

$$F = \sum W_i \left(\frac{x_i}{X_i}\right)^{2m}$$

其中，x 是一个监测量，如分支潮流或电压，X 是上限，W 是加权因子，m 是正整数。

$m=1$ 的选择不是很理想，因为它不能在许多小违规和一个大违规之间加以区分。这种现象被称为屏蔽效应，能够通过增大 m 来得以避免。

f_i的选择是故障严重性排名中非常重要的一步。f_i的选择应该在一个宽泛的操作条件范围内，并能正确反映故障的严重程度。这里已经尝试开发用于在性能指标中调节加权因子的方法，从而最大化紧急故障的捕获率，进而减少屏蔽错误[27]。

为了执行排序，提供了关于断电过程中计算性能指标灵敏度[28]的各种技术。这些方法在线性电力系统模型，比如一个解耦负荷潮流的 $P-\delta$ 部分中表现很好。到目前为止，由于缺乏结合发电机无功极限和 ULTC 操作的能力，因此针对无功功率的线性模型已经证明是不可靠的。

图 4.5 所示为在不同故障发生后，在所提供的违规能源管理系统中筛选和排名的一个典型实例图。

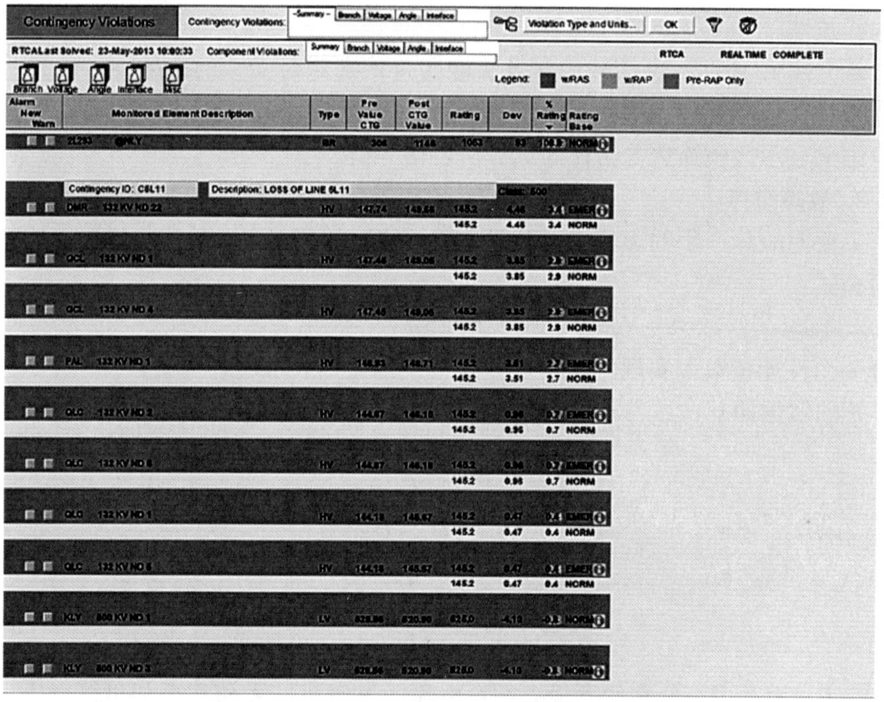

图 4.5　一个 EMS 中典型的故障筛选和排序界面

4.3.4　故障评估

故障评估是评估所选择故障的过程。评估应采用潮流来进行。潮流求解技术应该以能最好地满足所有用户的要求为目的。紧急故障的评估将持续到模拟故障不会产生任何违规操作时为止。应当指出的是，当所有在列表中排名较低的故障也不产生任何违规时，评估才会停止。

例 4.1　在图 4.6 的三母线系统中，采用 DC 潮流法来为 3 个单分支故障执行有功故障进行分析。

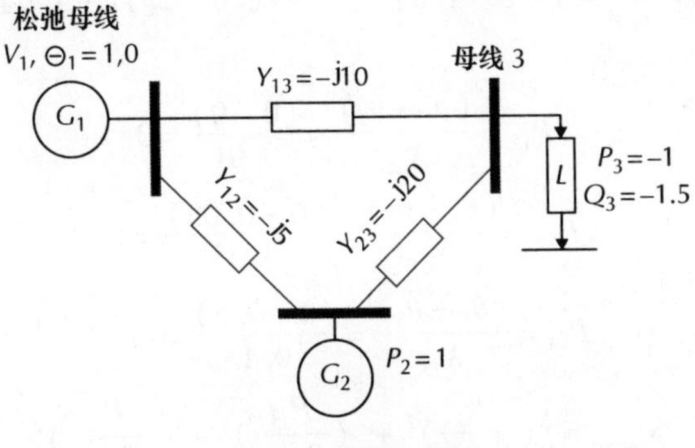

图 4.6　三母线系统

1）求解 4 条 DC 潮流，一个用于原有系统，一个用于每个故障，并记录每条线上的潮流；

2）使用以下性能指数对正常情况和故障情况下的严重性进行排序：

$$S = \sum_{i,j=1}^{3} \left(\frac{P_{ij}}{P_{ij\max}}\right)^{n}$$

其中，P_{ij}是从母线 i 到母线 j 的潮流，$P_{12\max} = 0.5$，$P_{23\max} = 1.0$，$P_{13\max} = 1.2$，$n = 2$。

解法

需要在每个故障前和后求解 DC 潮流。

（1）正常情况。

首先，为三母线系统建立矩阵 $Y = G + \mathrm{j}B$。

$$Y_{\text{bus}} = G + \mathrm{j}B = \begin{bmatrix} Y_{11} & Y_{12} & Y_{13} \\ Y_{21} & Y_{22} & Y_{23} \\ Y_{31} & Y_{32} & Y_{33} \end{bmatrix} = -\begin{bmatrix} \mathrm{j}15 & -\mathrm{j}5 & -\mathrm{j}10 \\ -\mathrm{j}5 & \mathrm{j}25 & -\mathrm{j}20 \\ -\mathrm{j}10 & -\mathrm{j}20 & \mathrm{j}30 \end{bmatrix}$$

$$= \begin{bmatrix} -\mathrm{j}15 & \mathrm{j}5 & \mathrm{j}10 \\ \mathrm{j}5 & -\mathrm{j}25 & \mathrm{j}20 \\ \mathrm{j}10 & \mathrm{j}20 & -\mathrm{j}30 \end{bmatrix}$$

所以，忽略行并且列 1 与母线相关联，得到

$$B = \begin{bmatrix} -25 & 20 \\ 20 & -30 \end{bmatrix}$$

$$P = -B\theta$$

$$\begin{bmatrix} P_2 \\ P_3 \end{bmatrix} = \begin{bmatrix} -25 & 20 \\ 20 & -30 \end{bmatrix} \begin{bmatrix} \theta_2 \\ \theta_3 \end{bmatrix}$$

$$\begin{bmatrix} \theta_2 \\ \theta_3 \end{bmatrix} = \begin{bmatrix} 25 & -20 \\ -20 & 30 \end{bmatrix}^{-1} \begin{bmatrix} 1 \\ -1.5 \end{bmatrix} = \begin{bmatrix} \frac{1}{350} \end{bmatrix} \begin{bmatrix} 30 & 20 \\ 20 & 25 \end{bmatrix} \begin{bmatrix} 1 \\ -1.5 \end{bmatrix} = \begin{bmatrix} 0 \\ -0.05 \end{bmatrix}$$

将得到

$$P_{12} = \frac{(\theta_1 - \theta_2)}{X_{12}} = \frac{(0-0)}{0.01} = 0$$

$$P_{23} = \frac{(\theta_2 - \theta_3)}{X_{23}} = \frac{(0+0.05)}{0.05} = 1$$

$$P_{13} = \frac{(\theta_1 - \theta_3)}{X_{13}} = \frac{(0+0.5)}{0.1} = 0.5$$

$$S_{\text{normal}} = \left(\frac{P_{12}}{P_{12\max}}\right)^2 + \left(\frac{P_{13}}{P_{13\max}}\right)^2 + \left(\frac{P_{23}}{P_{23\max}}\right)^2$$

$$S_{\text{normal}} = \left(\frac{0}{0.5}\right)^2 + \left(\frac{0.5}{1.2}\right)^2 + \left(\frac{1}{1}\right)^2 = 1.17$$

（2）故障线路 1 – 2 案例。

在这个例子中，因为在正常情况下线路 1 – 2 的潮流是零，所以严重性指数量相同。

（3）故障线路 1 – 3 案例。

首先，为三母线系统建立矩阵 $Y = G + \mathrm{j}B$。

$$Y_{\text{bus}} = G + \mathrm{j}B = \begin{bmatrix} Y_{11} & Y_{12} & Y_{13} \\ Y_{21} & Y_{22} & Y_{23} \\ Y_{31} & Y_{32} & Y_{33} \end{bmatrix} = -\begin{bmatrix} \mathrm{j}5 & -\mathrm{j}5 & 0 \\ -\mathrm{j}5 & \mathrm{j}25 & -\mathrm{j}20 \\ 0 & -\mathrm{j}20 & \mathrm{j}20 \end{bmatrix}$$

所以，忽略行并且列 1 与母线相关联，得到

$$B = \begin{bmatrix} -25 & 20 \\ 20 & -20 \end{bmatrix}$$

$$P = -B\theta$$

$$\begin{bmatrix} P_2 \\ P_3 \end{bmatrix} = -\begin{bmatrix} -25 & 20 \\ 20 & -20 \end{bmatrix} \begin{bmatrix} \theta_2 \\ \theta_3 \end{bmatrix}$$

$$\begin{bmatrix} \theta_2 \\ \theta_3 \end{bmatrix} = \begin{bmatrix} 25 & -20 \\ -20 & 20 \end{bmatrix}^{-1} \begin{bmatrix} 1 \\ -1.5 \end{bmatrix} = \frac{1}{100} \begin{bmatrix} 20 & 20 \\ 20 & 25 \end{bmatrix} \begin{bmatrix} 1 \\ -1.5 \end{bmatrix} = \begin{bmatrix} -0.10 \\ -0.175 \end{bmatrix}$$

可以得到

$$P_{12} = \frac{(\theta_1 - \theta_2)}{X_{12}} = \frac{(0+0.1)}{0.2} = 0.5$$

$$P_{13}=0$$

$$P_{23}=\frac{(\theta_2-\theta_3)}{X_{23}}=\frac{(-0.1+0.175)}{0.05}=1.5$$

$$S_{\text{contingency1-3}}=\left(\frac{0.5}{0.5}\right)^2+\left(\frac{0}{1.2}\right)^2+\left(\frac{1.5}{1.0}\right)^2=3.25$$

（4）故障线路 2－3 案例。

首先，为三母线系统建立矩阵 $Y=G+\mathrm{j}B$。

$$Y_{\text{bus}}=G+\mathrm{j}B=\begin{bmatrix}Y_{11} & Y_{12} & Y_{13}\\ Y_{21} & Y_{22} & Y_{23}\\ Y_{31} & Y_{32} & Y_{33}\end{bmatrix}=-\begin{bmatrix}\mathrm{j}15 & -\mathrm{j}5 & -\mathrm{j}10\\ -\mathrm{j}5 & \mathrm{j}5 & 0\\ -\mathrm{j}10 & 0 & \mathrm{j}10\end{bmatrix}$$

所以，忽略行并且列 1 与母线相关联，得到

$$B=-\begin{bmatrix}5 & 0\\ 0 & 10\end{bmatrix}$$

$$P=-B\cdot\theta$$

$$\begin{bmatrix}P_2\\ P_3\end{bmatrix}=\begin{bmatrix}-5 & 0\\ 0 & -10\end{bmatrix}\begin{bmatrix}\theta_2\\ \theta_3\end{bmatrix}$$

$$\begin{bmatrix}\theta_2\\ \theta_3\end{bmatrix}=\begin{bmatrix}5 & 0\\ 0 & 10\end{bmatrix}^{-1}\begin{bmatrix}1\\ -1.5\end{bmatrix}=\frac{1}{50}\begin{bmatrix}10 & 0\\ 0 & 5\end{bmatrix}\begin{bmatrix}1\\ -1.5\end{bmatrix}=\begin{bmatrix}0.20\\ -0.15\end{bmatrix}$$

可以得到

$$P_{12}=\frac{(\theta_1-\theta_2)}{X_{12}}=\frac{(0-0.2)}{0.2}=-1.0$$

$$P_{23}=0$$

$$P_{13}=\frac{(\theta_1-\theta_3)}{X_{13}}=\frac{0+0.15}{0.1}=1.5$$

$$S_{\text{contingency2-3}}=\left(\frac{-1}{0.5}\right)^2+\left(\frac{1.5}{1.2}\right)^2+\left(\frac{0}{1.0}\right)^2=5.5625$$

这些结果表明，故障 2－3 代表了由所选故障排序指数所得出的最坏的故障判定。

4.3.5 补救计划的执行

通过它们系统中的经验和知识，系统操作员为经常会导致操作不可行的故障开发 RAS。这些 RAS 动作通常包括系统自动启动或者一个敏感故障后需要进行的网络调整。例如，一个 RAS 可能涉及多个电容器组的投入或多个电抗器组的切除。对于每个需要 RAS 调整的故障，都需要引入研究去建立相应配置的调整。一旦 RAS 被调整，它将通过 SCADA 被设置成自动调整。操作员可以配备或解除

一个特定的 RAS 动作。

问题和难点

4.1 电力系统的静态安全有什么特征？

4.2 系统操作员为导致操作不可行的故障制定计划，定义并描述这些计划。

4.3 列出并说明在故障分析中 3 个不同的步骤。

4.4 由东北电力协调委员会建议的故障类型是什么？

4.5 什么是交感断电？

4.6 什么是拓扑分析，以及如何使用它？

4.7 同心松弛法是如何工作的？

4.8 什么是屏蔽效应？

4.9 在图 4.7 的三母线系统中，采用 DC 潮流为三支路故障实行有功故障分析。求解 4 条 DC 潮流，一个用于原有系统，一个用于每个故障，并记录每条线路潮流。使用以下性能指数对问题 4.1 中的故障进行严重性排名：

$$S = \sum_{k=1}^{3} \left(\frac{P_k}{P_{k\max}}\right)^n$$

假设 $P_{12\max}=0.5$，$P_{23\max}=1.0$，$P_{13\max}=1.2$，$n=2$。

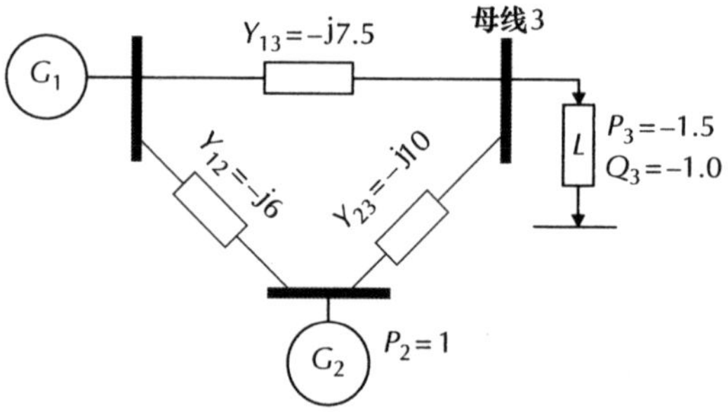

图 4.7 三母线系统

第 5 章
电力系统姿态：功角稳定性

5.1 关于电力系统姿态的操作员问题：功角稳定性

NERC 定义了电力系统安全性如下：

1）在经历一次电力故障前后，电力系统可接受操作条件的存在；

2）电力系统能够跨越故障并且故障后仍能运行而没有变得不稳定。

第一个条件被称为系统的静态安全。第二个条件被称为系统的动态安全，它是系统动态行为的反映。动态安全是由功角稳定和电压稳定这两种现象所表征的，如图 5.5 所示。

操作员需要确保系统能够跨越任何的电力故障，而不会丢失其功角稳定性，并和发电机保持紧密联络。操作员需要回答的主要问题是电力系统在经历任何的可靠性故障之后是否能保证系统的稳定，其故障程度有多深。操作员需要采取什么样的措施来保持系统姿态以保证系统运行的可行性。

5.2 电力系统姿态过程：功角稳定性

功角稳定性是一个快速的现象，电力系统经历故障变得不稳定通常只需要几秒的时间。例如，一旦故障发生，操作者没有足够的控制时间来让系统避免不稳定。因此，故障发生后，保持系统姿态角度稳定性的过程涉及研发没有任何与操作员手动相关的预防和纠正措施。

预防措施包括创建针对故障发生前操作条件的约束，称之为“诺莫图”，如图 5.1 所示。这些“诺莫图”限制了故障发生前的操作条件，避免了故障发生后的功角不稳定。

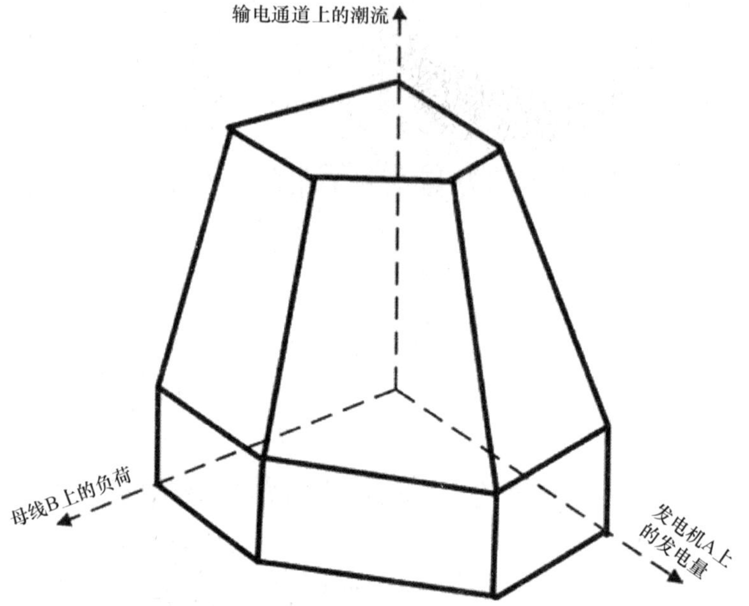

图 5.1　正常情况下为避免故障发生后引起功角不稳定而采取的可靠运行措施

电力公司同样也配置了纠正措施来避免功角不稳定。为了避免故障发生后带来的功角不稳定，这些纠正措施必须在正常操作条件下被设计和实施。有了对系统的经验和认识，电力公司针对那些通常导致操作不可实行的故障开发了 RAS。这些计划通常包含系统的自动初始化或者是感知到一个系统故障后需要产生的网络调整。例如，一套 RAS 能够包括投入若干电容器组件和切除若干电抗器组件。在任何可接受的故障发生后，这些补救措施对于操作员来说，它应该被放到适当的位置，从而确保系统保持功角稳定。

考虑图 5.2 所示的系统，假设功角稳定性极限是无跳闸的 1800MW 系统和一路跳闸的 900MW 系统。对于这样的系统，在故障发生后，如果能够切除发电系统，那么一路跳闸系统的功角稳定性极限增加了对于有效切除单元的依赖。

可有效切除 G1 单元：功角稳定性极限 = 900 + 500 = 1400MW

可有效切除 G2 单元：功角稳定性极限 = 900 + 700 = 1600MW

可有效切除 G3 单元：功角稳定性极限 = 900 + 900 = 1800MW

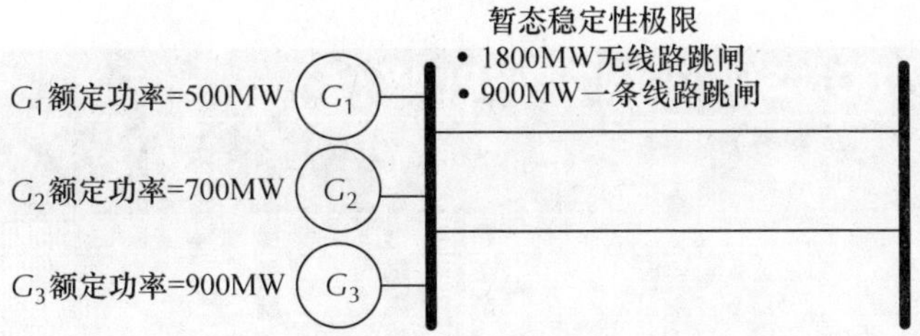

图 5.2 展示关于功角稳定极限上发电抑制影响的一个小系统

基于一个固定周期的原则，操作员要知道功角稳定性极限的约束条件以及配备有实现前期故障转移的发电切除装置。例如，如果在先前所给出的例子中，G3 单元可有效切除，那么在两条线路中任何一个跳闸后，故障发生前功角稳定性极限容量将是由装备有切除系统的 G3 单元提供的 1800MW。

总之，操作员应该拥有一套故障前的“诺莫图”组合系统，或者是操作条件约束以及为了确保系统功角稳定必须被激活的纠正措施。操作员需要确保系统当前的操作条件保持在受限制的”诺莫图”或约束之内。同样，在不同故障下，操作员或许被推荐是使用纠正措施还是 RAS，当然他们的行动需要得到批准。图 5.3 所示为在 BC Hydro 里为系统运行人员准备的一台功角稳定性显示设备。这台显示设备为操作员提供了在不同故障下激活的纠正措施。例如，这台设备显示在 5L1，5L2 两条线路中发生双故障后，总容量 777.7MW 被自动切除。在两路故障发生后，被选择切除的发电单元包括 GMS 的 5 单元、7 单元及 KMO 的单元。图 5.4 所示为另一套功角稳定性显示设备，它显示了在不同的系统通道和位置上最大的传输极限。例如，在正常条件下，设备显示在 F2L129 ARN 中存在的最大潮流极限是 650MW。由于该极限是在离线情况下计算的，所以最大潮流极限也是在主要传输线路失效的条件下计算所得到的。图 3.5 提供了当 5 L71/5 L72 两条平行线路失效时，Alberta（BCH_ EXP_ AUT）的最大输出极限是 850MW。

再回到我们前面所提到的开车的比喻。同样的检测条件，一个好的司机需要确保车速保持在某一极限下，这样车才能在事故中得以幸存并且达到事故后没有乘客受伤的操作条件。一些汽车也装备有安全气囊（纠正措施），在事故发生后被激活。

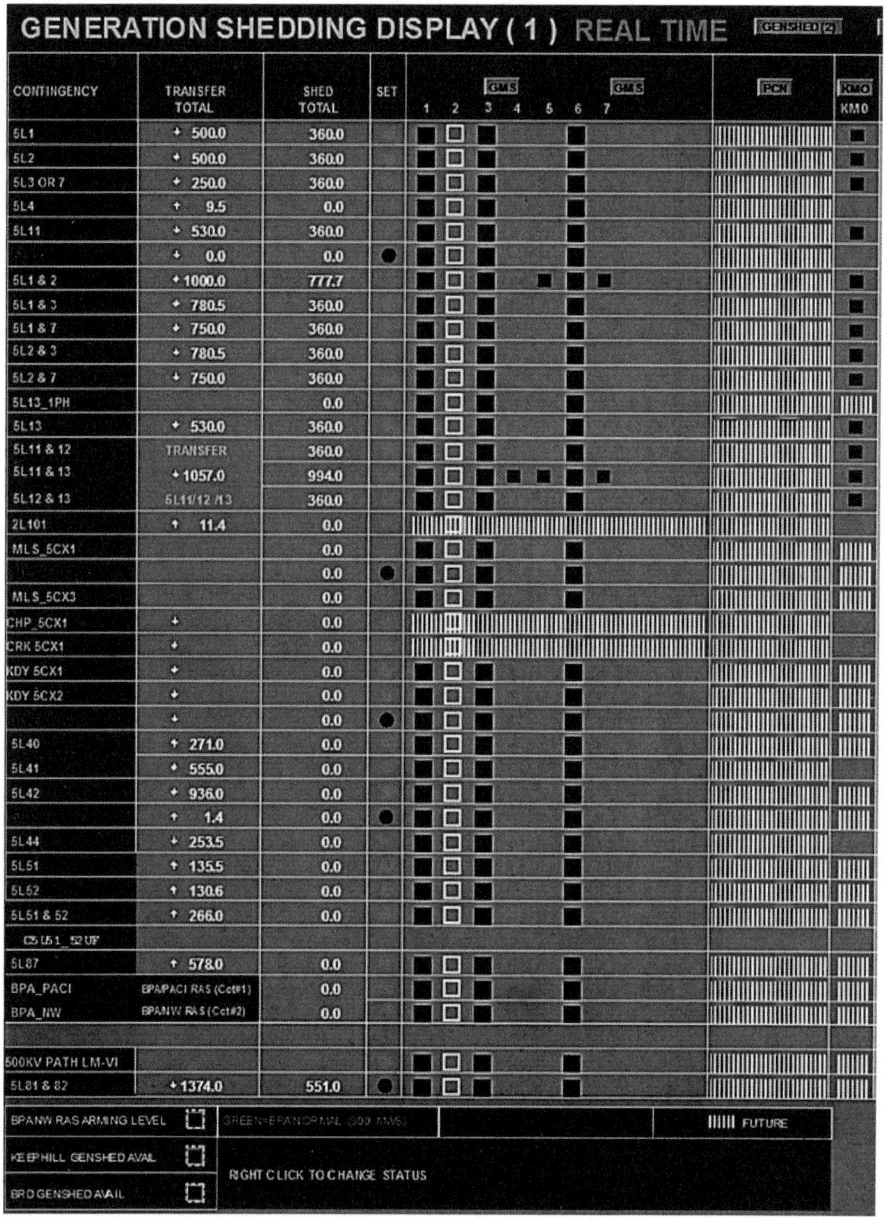

图 5.3 BC Hydro 中针对操作员的一台 EMS 有效功角稳定性显示设备

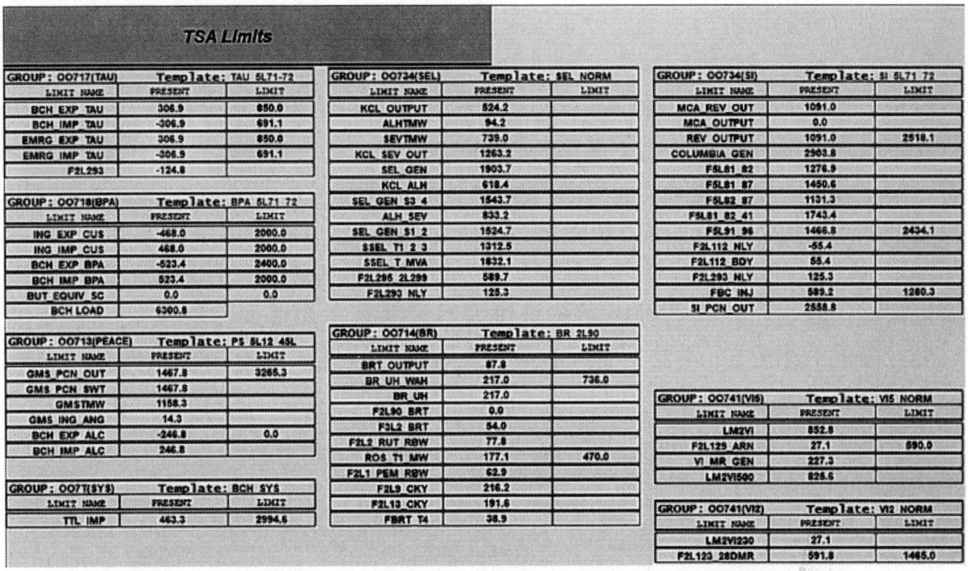

图 5.4　BC Hydro 中针对操作员的一台 EMS 有效功角稳定性显示设备

5.3　电力系统姿态技术：功角稳定性

有两套姿态功角稳定性所需的技术：

1）功角稳定性评估；

2）功角稳定性极限以及 RAS 的实施。

5.3.1　功角稳定性评估

一个电力系统安全的特点是：

1）故障前后可接受的操作条件的存在；

2）该系统具有穿越故障以及到达故障后不出现不稳定操作条件的能力。

第一个条件称为该系统的静态安全。第二个条件是系统动态行为的一种反映，称为系统的动态安全。

对系统的安全性评估，应该检查以上两个条件。为了检查故障前和故障后操作条件的存在，还应该包括以下极限的检测：

1）热极限；

2）电压分布极限；

3）故障后热极限；

4）故障后电压分布极限。

针对故障前热限制和电压分布极限的检查涉及对这些极限故障前操作条件的比较。针对故障后热极限检查及电压分布极限的检测，涉及更多的是需要对不同故障进行仿真，从而确定故障后针对这些极限应该被检测的系统条件。这已经在第 4 章处理故障分析中进行了详细的说明。

为了评估一个系统的动态安全和动态系统的性能，必须从功角稳定性和电压稳定性两个角度入手，如图 5.5 所示。故障发生后为了评估该系统的动态响应，需要计算功角和电压稳定性两个极限。传统上，这些极限已经使用精心设计的计算机离线仿真得出。这两种极限被转化为系统参数，如最大传输极限（主要接口处故障前的潮流），主要发电厂的最大发电量，或者如发电切除或负荷切除所采取的补救措施。

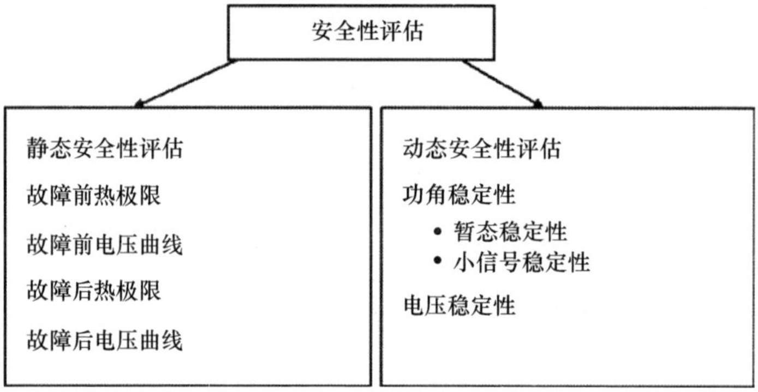

图 5.5　系统安全性评估

在第 4 章中关于处理故障分析时，展示了对于热和电压故障后评估是如何识别违规行为的。本节需要研究的是一个故障的系统动态响应是如何被评估的，动态安全极限是如何被导出的，以及为了确保系统的安全性它是如何被实施的。

5.3.2　电力系统稳定性

电力系统的稳定性可以广义地定义为系统保持在正常工作状态下的运行平衡状态，并在受到干扰后获得一个可接受的平衡状态的能力。根据研究电力系统稳定性可分为基于现象时间周期的以下 3 类：

1）短期或瞬间：0 ~ 10 秒；

2）中期：10 秒到几分钟；

3）长期：几分钟到几十分钟。

5.3.3　功角稳定性

一个电力系统的功角稳定性可以定义为该系统不打破机组之间的同步约束而能跨越故障，并能在具有足够阻尼时达到一个新的稳定状态的能力。

一个电力系统功角稳定性可分为两种类型：

1）小信号稳定性；

2）暂态稳定性。

小信号稳定性被定义为系统带有足够阻尼时承受小干扰的能力。暂态稳定性被定义为系统在不失去机组同步的情况下承受故障的能力。下面的小节将描述用于评估电力系统瞬态和小信号稳定性的技术。

5.3.4　暂态稳定性

一台机组的运动方程能够描述如下：

$$P_{\text{mech}} - P_{\text{elec}} = \left(\frac{2H}{\omega_0}\right)\frac{\mathrm{d}^2\delta}{\mathrm{d}t^2} \tag{5.1}$$

其中，P_{mech}为机组输入的机械功率；P_{elec}为机组输出的电功率；H 为兆瓦级机组的惯性常数，单位为 s/MVA，被定义为

$$H = \frac{0.5I\omega_0^2}{\text{Rated MVA}}$$

其中，I 为机组惯性；ω_0为同步转速，和同步频率相互关联，由式（5.2）得出。

$$\omega_0 = 2\pi f_0 \tag{5.2}$$

δ 为电角度，它和机械角度有如下关系：

$$P_{\text{mech}} - \delta_{\text{elec}} = \delta_{\text{mech}}\left(\frac{N}{2}\right) \tag{5.3}$$

其中，N 为发电机极数。

请注意方程假设速度变化很小，转矩的标幺值和功率相等。

5.3.5　小型系统

为使概念更加清晰，单机无穷大系统如图 5.6 所示。

为了表现出机组的特性，采用一种简单的恒压滞后电抗模型。此模型如图 5.7 所示。以下为各种参数分布：

V_{f}为机组励磁电压；

E，δ 为感应电动势和励磁电压引起的相位角；

V_{t}，δ_{t} 为端电压和相位角；

V_{inf}，0 为 0 基准角度下的无穷大母线电压；

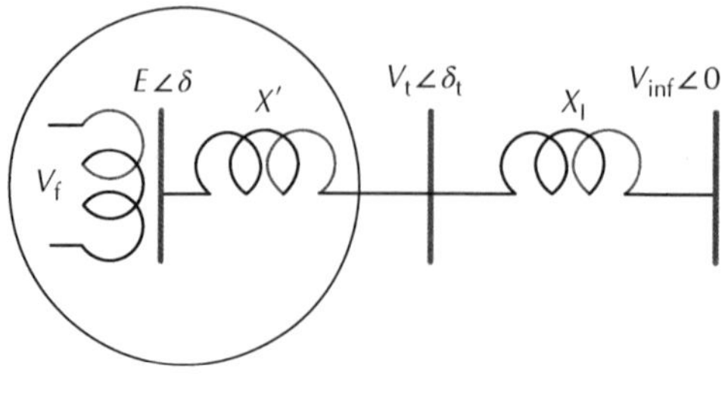

图 5.6　单机无穷大系统

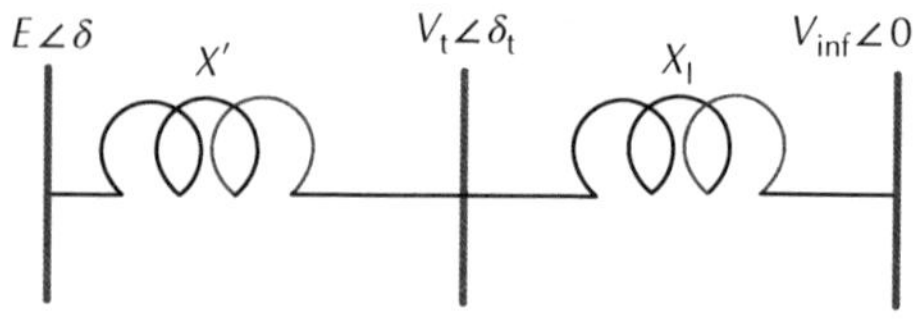

图 5.7　等价无穷大系统

X'为机组内部电抗；

X_1为输电线路电抗。

根据模型，机组的外部电功率可由式（5.4）推导得出。

$$P_e = \frac{EV_{inf}}{X' + X_1}\sin(\delta) \tag{5.4}$$

同步机组功率角曲线可由式（5.4）得出。此曲线如图 5.8 所示，机组的角度值是由 P_{mech} 功率决定的。最大角度为 90°，对应的最大功率为 P_{max}。式（5.1）能被表示为

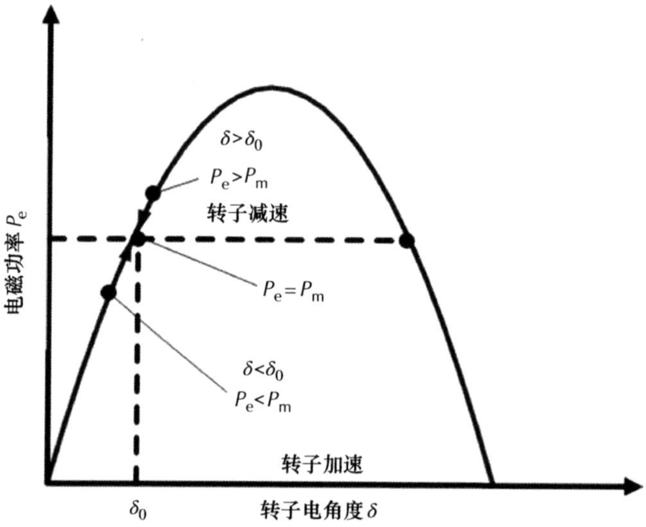

图 5.8　机组功率角曲线

$$\frac{2H}{\omega_0}\frac{d^2\delta}{dt^2} = P_m - \frac{EV_{inf}}{(x' + x_1)}\sin(\delta) \tag{5.5}$$

值得注意的是，在此分析方法下，电动势 E 和功率 P_{mech} 是恒定的（无 AVR

和调速器影响)。

为了分析此系统，此二阶方程需要对时间进行积分得到角度、速度，以及其他参数的变化。为了简化此公式，通过定义另一个变量，将二阶方程拆分为两个不同的一阶方程。

$$\frac{\mathrm{d}\delta}{\mathrm{d}t}=\omega \tag{5.6}$$

式 (5.5) 可以写成式 (5.7)。

$$\frac{\mathrm{d}\omega}{\mathrm{d}t}=\frac{\mathrm{d}^2\delta}{\mathrm{d}t^2}=\frac{\omega_0}{2H}(P_{\mathrm{m}}-P_{\mathrm{e}}) \tag{5.7}$$

将式 (5.6) 和式 (5.7) 以矩阵的形式表示出来。

$$\begin{bmatrix}\dfrac{\mathrm{d}\delta}{\mathrm{d}t}\\ \dfrac{\mathrm{d}\omega}{\mathrm{d}t}\end{bmatrix}=\begin{bmatrix}0 & 1\\ 0 & 0\end{bmatrix}\begin{bmatrix}\delta\\ \omega\end{bmatrix}+\begin{bmatrix}0\\ \dfrac{P_{\mathrm{m}}}{J}-\dfrac{1}{J}\dfrac{EV_{\mathrm{inf}}}{(x'+x_2)}\sin(\delta)\end{bmatrix} \tag{5.8}$$

其中

$$J=\frac{2H}{\omega_0} \tag{5.9}$$

为了获得角度和速度的变化，上述的一阶微分方程必须对时间进行积分。需要注意的是，在不同的仿真阶段，P_{e} 的值是变化的。在理想的情况下，$P_{\mathrm{e}}=P_{\mathrm{mech}}$。在故障初始阶段，$P_{\mathrm{e}}$下降到一个很低的值 (可以假设为零)。在故障恢复之后，如果 P_{e}的值变化了 (由于故障损失了一条线路)，那么 P_{e} 也应该根据线路阻抗的变化进行调整。

5.3.6 积分法

电力系统的稳定性能够通过一系列的变换方程以式 (5.10) 的形式表示出来。

$$x'=f(x,t) \tag{5.10}$$

为了积分求解这一系列的方程，两种积分方法是有效的，即显式方法和隐式方法。

1. 显式方法

在显式方法中，x 和时间 t 的值取决于前一步的时间步长。换句话说，x 的 $n+1$次步长值来自于第 n 次步长值。这些方法简单易行，但是存在的问题是最短的时间常数限制了积分时间步长。

欧拉方法

此处的目的是在假设 $X(t)$ 和 $X'(t)$ 已知的条件下得出 $X(t+h)$ 的值。对 $X(t+h)$ 进行泰勒展开得到

$$X(t+h)=X(t)+hX'(t)+0.5(h^2)X''(t)+\cdots \tag{5.11}$$

忽略高于二阶项，得到

$$X(t+h)=X(t)+hX'(t) \tag{5.12}$$

这个方程是欧拉方法的基础，如图 5.9 所示。这种方法只考虑泰勒级数的前两项，所以误差为 h^2阶。

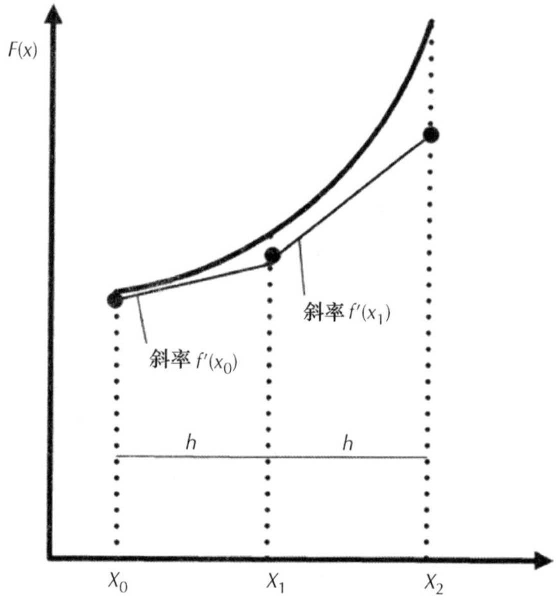

图 5.9　欧拉法

例 5.1　对 $X'=t^2$ 进行一次时间步长的积分，其中 $h=0.1$，$X_0=1$，$t_0=1$。

$$X'(t_0)=t_0^2=1$$

$$X(t_0+h)=X_0+ht_0^2=1+0.1\times1=1.1$$

修正的欧拉方法

修正欧拉方法是通过使用式（5.8）中的一个平均斜率得到。平均斜率由式（5.13）给出。

$$X'_{av}=0.5[(X'(t)+X'(t+h))] \tag{5.13}$$

例 5.2　使用修正的欧拉方法，对 $X'=t^2$ 进行一个步长的积分，其中 $h=0.1$，$X_0=1$，$t_0=1$。

解法

$$X'_{av}=0.5[(X'(t)+X'(t+h))]=0.5[t_0^2+(t_0+0.1)^2]$$

$$X'_{av} = 0.5(1 + 1.21) = 1.105$$

$$X(t+h) = X(t) + hX'_{av}(t) = 1 + 1.105 \times 0.1 = 1.1105$$

龙格—库塔方法

这种方法分 4 个步骤实现积分

$$\begin{aligned} x_1 &= hX'(t,X) \\ x_2 &= hX'\left(t+\frac{h}{2},\frac{x_1}{2}+X\right) \\ x_3 &= hX'\left(t+\frac{h}{2},\frac{x_2}{2}+X\right) \\ x_4 &= hX'(t+h,x_3+X) \end{aligned} \tag{5.14}$$

$$X(t+h) = X(t) + \left(\frac{1}{6}\right)(x_1 + 2x_2 + 2x_3 + x_4)$$

这种方法比欧拉方法更加精确，但是会花费更多的计算时间，其误差显示为 h^5 阶。

例 5.3　使用龙格—库塔方法求解 $X' = t^2$ 的积分，其中 $h = 0.1$，$X_0 = 1$，$t_0 = 1$。

$$x_1 = hX'(t,X) = 0.1 \times t_0^2 = 0.1$$

$$x_2 = hX'\left(t+\frac{h}{2},X+\frac{x_1}{2}\right) = 0.1(X_0 + 0.05)2 = 0.1 \times 1.052 = 0.11025$$

$$x_3 = hX'\left(t+\frac{h}{2},X+\frac{x_2}{2}\right) = 0.1\left(X_0 + \frac{0.11025}{2}\right)2 = 0.1111$$

$$x_4 = hX'(t+h,X+x_3) = 0.1 \times (1 + 0.0556)2 = 0.1114$$

$$X(t+h) = X(t) + \left(\frac{1}{6}\right)(x_1 + 2x_2 + 2x_3 + x_4)$$

$$X(0.1) = 1 + \frac{1}{6}(0.1 + 2 \times 0.11025 + 2 \times 0.1111 + 0.1114) = 1.1090$$

2. 隐式方法

在隐式方法中，时间 t 点的 x 值是由前一时间步长的 x 值和时间 t 点的值获得的。积分公式由式（5.7）给出

$$X_{n+1} = X_n + \int_{t_n}^{t_{n+1}} f(x,t)\,\mathrm{d}t \tag{5.15}$$

最简单的隐式方法是梯形方法。在这个方法中，积分值由插值得出，如图 5.10 所示。它简化了式（5.15）

$$X_{n+1} = X_n + \frac{\Delta t}{2}[f(x_n, t_n) + f(x_{n+1}, t_{n+1})] \tag{5.16}$$

当这个方程两边出现 X_{n+1} 时必须进行迭代计算。其主要优点是随着时间步长的增大，数值不会发散。且随着时间步长的增大，高频模式被滤掉，低频模式更加准确。

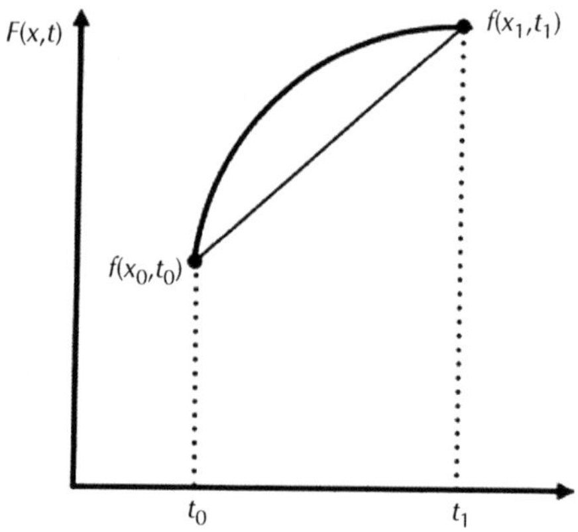

图 5.10　梯形法积分

5.3.7　等面积准则法

对于图 5.5 和图 5.6 中简单的单机无穷大总线系统，式（5.1）可以写成以下形式：

$$\frac{d^2\delta}{dt^2} = \frac{\omega_0}{2H}(P_m - P_e) \tag{5.17}$$

如果方程两边同时乘以 $2d\delta/dt$，则得到

$$2\frac{d\delta}{dt}\frac{d^2\delta}{dt^2} = \frac{W_0(P_m - P_e)}{H}\frac{d\delta}{dt} \tag{5.18}$$

于是

$$\frac{d}{dt}\left[\frac{d\delta}{dt}\right]^2 = \frac{\omega_0(P_m - P_e)}{H}\frac{d\delta}{dt} \tag{5.19}$$

方程两边积分得

$$\left[\frac{d\delta}{dt}\right]^2 = \int\omega_0\frac{(P_m - P_e)}{H}d\delta \tag{5.20}$$

这是一个非常重要的方程，它表明如果一个系统功角达到最大值并且维持稳定，那么这个系统的速度将变为零，意味着式（5.20）可以写成如下形式：

$$\int_{\delta_0}^{\delta_m}\frac{\omega_0}{H}(P_m - P_e)d\delta = 0 \tag{5.21}$$

其中，δ_0 和 δ_m 分别为转子角度的初始值和最大值。图 5.11 和图 5.12 阐释了式（5.21）。这些图中在故障前、故障中和故障后期间存在三条曲线来反应机组电动机功率的变化。假设故障在转子角度为 δ_c 时被排除，那么当电动机动能增加时，区域 1 反应的是电动机加速阶段。这个区域大小为

$$区域1 = \int_{\delta_0}^{\delta_{cl}}(P_m - P_e)d\delta \tag{5.22}$$

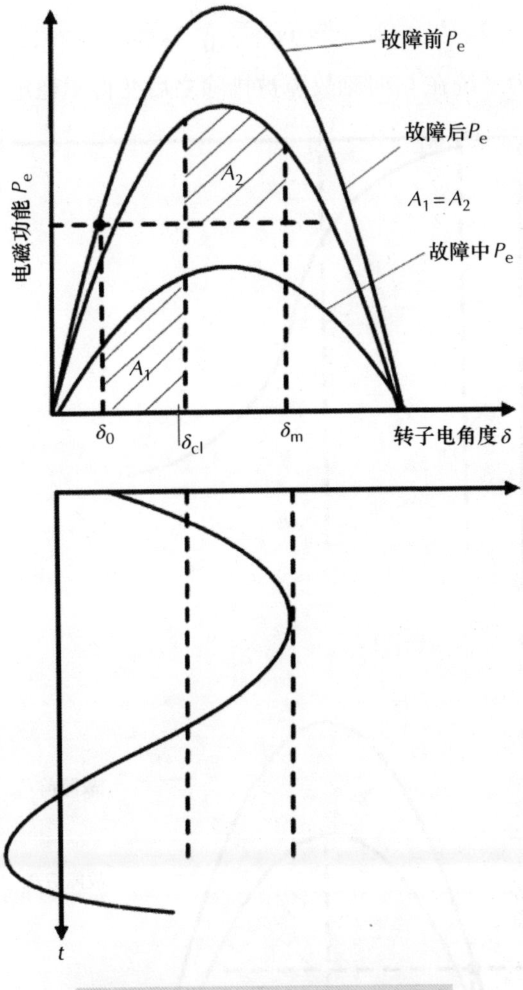

图 5.11　t_{cl}时刻故障排除后系统稳定

当故障被清除相角达到 δ_m 时，区域 2 属于电动机减速阶段。区域 2 能够通过如下方程计算：

$$\text{区域 2} = \int_{\delta_{cl}}^{\delta_m} (P_e - P_m)\,d\delta \tag{5.23}$$

等面积表示对于系统稳定来说，这两个面积是相等的。这个标准可以通过比较 A_1 和 A_2 的面积最大值来评估系统的稳定性。它还能够用于确定故障清除最大相角或者系统稳定的相角 $\delta_{critical}$。

通过计算所得的 $\delta_{critical}$，最大故障清除时间 $t_{critical}$ 也可以得到。前提是假设在故障期间，P_e 为零，于是式（5.1）可变为

$$w_0 \frac{P_{\mathrm{m}}}{2H} = \frac{\mathrm{d}^2\delta}{\mathrm{d}t^2} \tag{5.24}$$

图 5.12 所示为系统在 t_{c1} 时刻故障被排除之后变得不稳定。

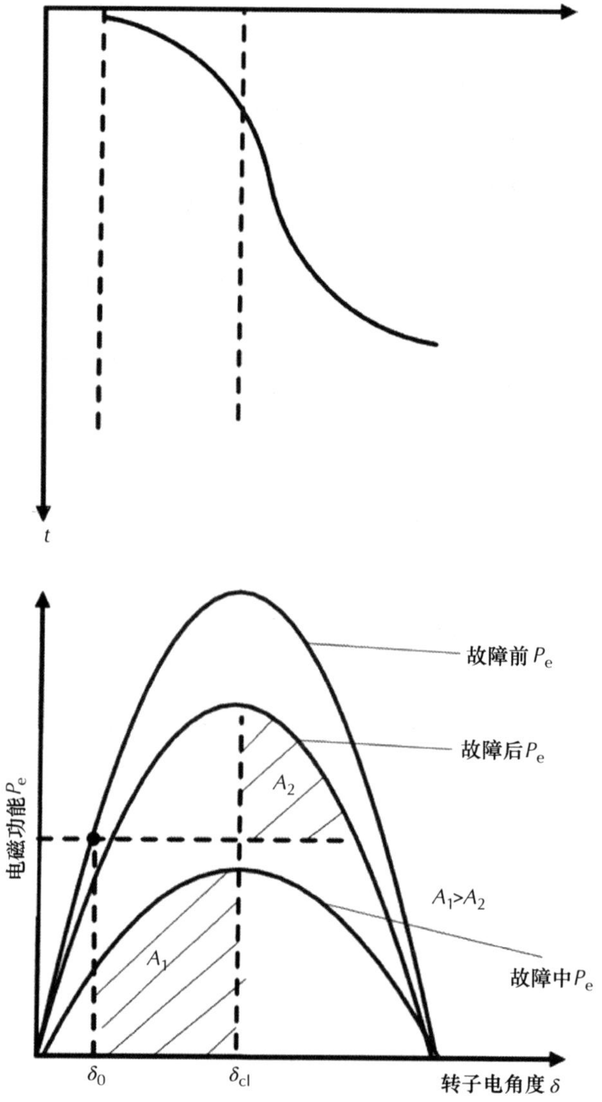

图 5.12　t_{c1} 时刻故障排除后系统不稳态

对式（5.24）在 δ_0 到 δ_{c} 区间求积分得

$$\delta_c = \delta_0 + \frac{w_0 P_m t_c^2}{4H}^{㊀} \tag{5.25}$$

给出故障清除时间为

$$t_c = \sqrt{\frac{4H(\delta_c - \delta_0)}{w_0 P_m}}^{㊁} \tag{5.26}$$

例 5.4　对于如图 5.13 所示系统：

1）把运动方程写成两个一阶微分方程的形式；

2）确定稳态工作条件和 E，δ；

3）利用等面积标准，计算临界角和临界清除时间；

4）写出 3 个阶段（故障前、故障中和故障后）的微分方程。

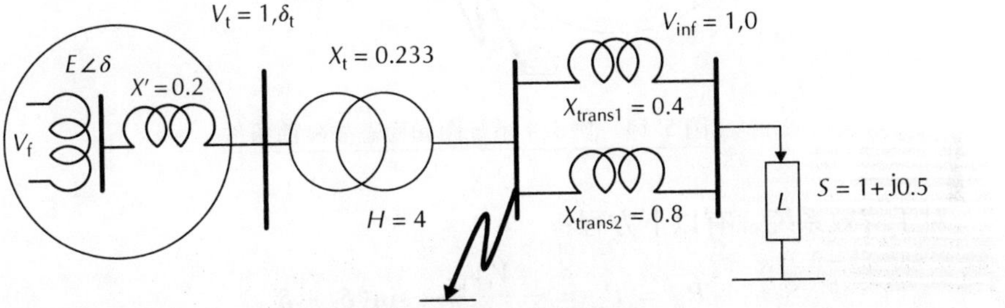

图 5.13　例 5.4 中的系统图

解法

总体来说，一个动态仿真涉及求解以下 3 个阶段——故障前、故障中和故障后的二阶微分方程，这里 t_c 为故障清除时间。

$$\frac{d^2\delta}{dt^2} = \frac{\omega_0}{2H}(P_m - P_e)$$

首先，通过定义中间变量 ω（它表示的是 δ_1 的导数），来把这个二阶微分方程变为两个一阶微分方程。

$$\frac{d\delta_1}{dt} = \omega$$

$$\frac{d\omega}{dt} = \frac{\omega_0}{2H}(P_m - P_e) = \frac{377}{8}(1.0 - A\sin\delta_1)$$

其中

$$\omega_0 = 2\pi f = 2\pi \times 60 \approx 377$$

㊀ 原书此处有误。——译者注

㊁ 原书此处有误。——译者注

$$P_m = 1.0$$

$$H = 4$$

$$P_e = A\sin\delta_1$$

（1）为了得到稳定条件，首先考虑稳态网络，如图 5.14 所示。

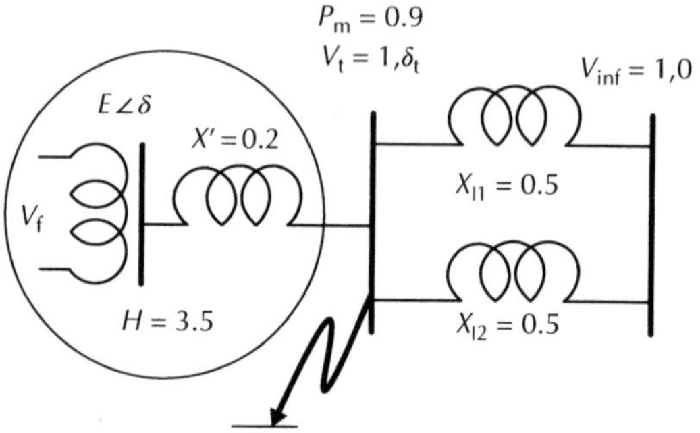

图 5.14　例 5.4 系统图和稳态故障前条件

对于等效系统，有以下方程：

$$P_m = P_e = \frac{V_t V_{inf}}{(X_{equivalent})}\sin(\delta_t - \delta_{inf})$$

其中，$X_{equivalent}$是 V_t和 V_{inf}之间的等效阻抗，计算如下：

$$X_{equivalent} = X_t + \frac{1}{\left(\frac{1}{X_{l1}} + \frac{1}{X_{l2}}\right)}$$

$$X_{equivalent} = 0.233 + \frac{1}{\left(\frac{1}{0.8} + \frac{1}{0.4}\right)} = 0.5$$

$$P_m = P_e = 1 = \frac{V_t V_{inf}}{(X_{equivalent})}\sin(\delta_t - \delta_{inf}) = \frac{\sin(\delta_t - 0)}{0.5}$$

$$\delta_t = 30$$

$$E = V_t + IX'_d$$

$$I = \frac{(V_t - V_{inf})}{(j0.5)}$$

$$E = V_t + j0.3(IX'_d)$$

$$E = 0.8526 + j0.7232$$

（2）为了使用面积相等准则，在故障前、故障中和故障后的电网等效可以由以下得到：

故障前，如图 5.15 所示。

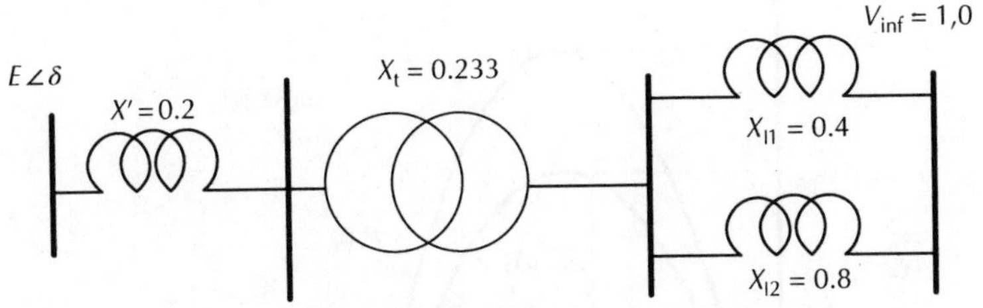

图 5.15　故障前条件期间示例 5.4 的电网等效电路

$$P_e = \frac{1.1180 \times 1}{0.6997}\sin\delta = 1.5980\sin\delta$$

在故障产生阶段，故障线路电压为零，因此 P_e 变为零，如图 5.16 所示。

$$P_e = EV_{\text{faulted bus}}\sin(\delta - \delta_{\text{faultef bus}}) = 0$$

$$P_e = 0$$

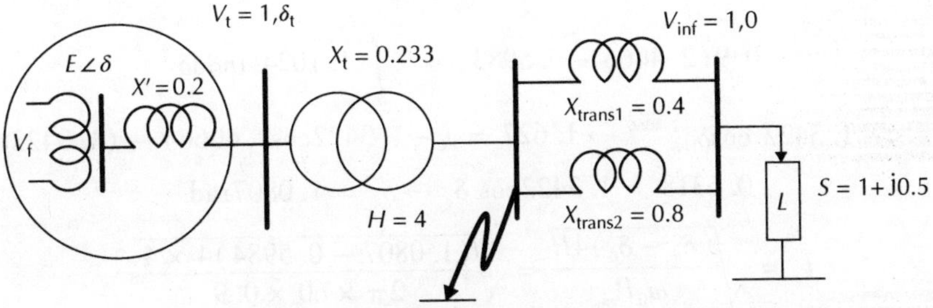

图 5.16　故障产生时示例 5.4 的系统图

故障恢复后，故障线路切除，结果如图 5.17 所示，并且等面积准则框图如图 5.18 所示。

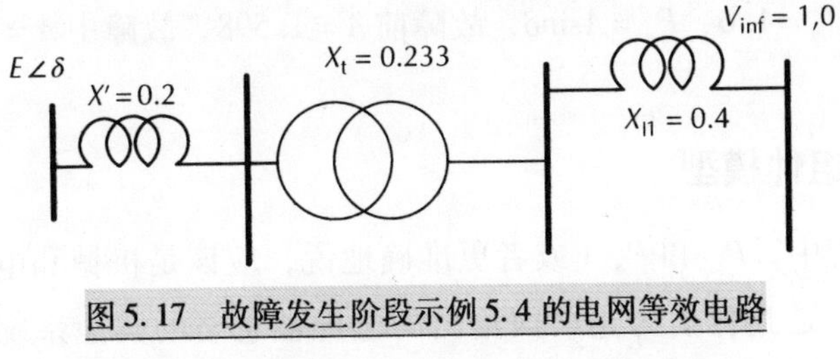

图 5.17　故障发生阶段示例 5.4 的电网等效电路

$$P_e = \frac{1.1180 \times 1}{0.8330}\sin\delta = 1.3422\sin\delta$$

$$1.3422\sin\delta_m = 0.9 \rightarrow \pi - \delta_m = 2.4066\text{rad}$$

$$1.5980\sin\delta_0 = 0.9 \rightarrow \delta_0 = 0.5983\text{rad}$$

$$A = A_2 \rightarrow A_1 + C = A_2 + C$$

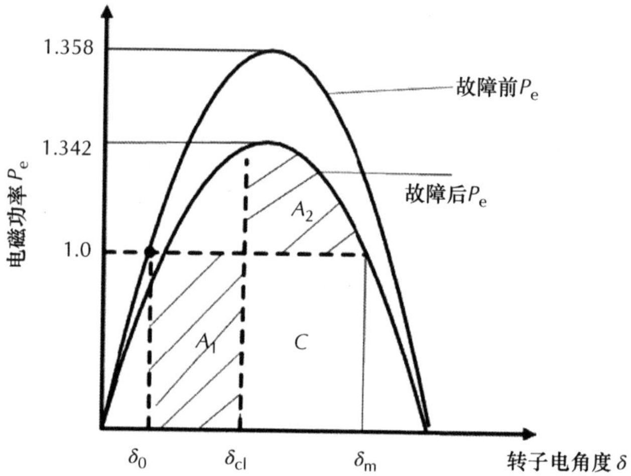

图5.18 例5.4的等面积准则框图

$$0.9(2.4066-0.5983)=\int_{\delta_c}^{2.4066}1.1024\sin\delta \mathrm{d}\delta$$

$$1.6275=-1.3422\cos\delta\Big|_{\delta_c}^{2.4066}\rightarrow 1.627=(-1.3422\cos 2.4066)-(1.3422\cos\delta_c)$$

$$0.6318=1.3422\cos\delta_c\rightarrow\delta_c=1.0807\text{rad}$$

$$t_c=\sqrt{\frac{(\delta_c-\delta_0)4H}{\omega_0 P_m}}=\sqrt{\frac{(1.0807-0.5984)4\times 4}{2\pi\times 60\times 0.9}}\text{s}$$

$$t_c=0.1508\text{s}$$

（3）故障前、故障中和故障后三阶段运动方程为

$$\frac{\mathrm{d}^2\delta}{\mathrm{d}t^2}=\frac{\omega_0}{2H}(P_m-P_e)$$

其中，$H=4$，$P_m=1.0$，$P_e=A\sin\delta$，故障前$A=1.598$，故障中$A=0$，故障后$A=1.342$。

5.3.8 其他组件模型

在这个方程中，P_m和P_e（或者更准确地说，应该是机械和电磁转矩T_m和T_e）本身的值，是到目前为止前面给出的已经被忽略的其他系统组件的函数。传送到发电机的机械功率P_m是汽轮机调速器系统的输出。汽轮机产生机械功率，基于系统频率的调速器对它进行调节。同样的，P_e是发电机感应电动势的函数，由系统励磁和自身的调节回路，即自动电压调节器（Automatic Voltage Regular，AVR）决定。励磁系统为发电机提供励磁电压并且励磁电压受AVR调节，它也试图保持发电机端电压为一个设定值。励磁系统同样也配备稳定器来提升系统稳定性。系统中也存在其他一些组件，例如电动机、HVDC 系统、SVC 和载荷，它们都需要进行建模。

为了评估系统稳定性，以上提到的所有其他系统组件都应该在建模过程中被包含进去。表示其他组件的微分方程应该被添加到式（5.8）中。

5.3.9　多机系统

对多机系统运行状态的评估和对单机无穷大总线系统的评估过程相同。用来表示每台机组的微分方程被放在一起表示系统。简而言之，所包含的设备微分方程，以及从每一台设备相关的注入电流到电网电流的代数方程所组成的所有系统方程，可由文献［29，30］给出。

$$x' = F(x,V) \tag{5.27}$$

$$I(x,V) = Y_N V \tag{5.28}$$

其中，x 为系统状态向量，I 和 V 分别是注入电流向量和母线电压向量。求解这些方程有两种方法，即顺序法和同步法[29]。

顺序法步骤如下：

1）在稳态条件下，设定所有的值，设定 x' 的值为 0，获取所有 x，V，I 的稳态值；

2）一个扰动发生后，假设 x 的值不能立即变化，首先求解代数式（5.28），可得到 I 和 V 的值；

3）将得到的 V 值代入式（5.27），并求积分，则可得在下一时间步长中 x 的值；

4）如果未达到仿真时间，则返回步骤 2）。

同步法步骤如下：

1）在稳态条件下，设置所有值，把 x' 的值设定为 0，并且获得 x，V 和 I 所有稳态值；

2）一次扰动后，同时求解微分方程和代数式（5.27）和式（5.28）。这种方法特别适合隐式积分方法，使用迭代执行积分运算。式（5.28）可转换成如下代数方程，然后同时联立式（5.27）能够被求解

$$X_{n+1} = X_n + f(V_n, X_n, X_{n+1}, V_{n+1}) \tag{5.29}$$

3）如果未达到仿真时间，则返回步骤 2）。

5.3.10　小信号稳定性

如前所述，电力系统功角稳定性分为两个部分，即暂态稳定性和小信号稳定性，后者被定义为在具有足够阻尼的情况下系统能够承受较小扰动的能力。

为了得到评估小信号稳定性的方程，引入了线性化或者小变化规则。假设 A

是 δ，ω 等变量的函数，小变化规则表明在 A 中存放的变量与其他变量里存放的变量相关，关系如下：

$$A = f(\delta, \omega, \cdots) \tag{5.30}$$

$$\Delta A = \frac{\mathrm{d}f}{\mathrm{d}\delta}\Delta\delta + \frac{\mathrm{d}f}{\mathrm{d}\omega}\Delta\omega + \cdots \tag{5.31}$$

如果这个规则被用于单机无穷大母线系统（式（5.6）），其中 P_m 和 V_{inf} 为常量，则可获得如下方程：

$$\mathrm{d}\begin{bmatrix}\Delta\delta \\ \Delta\omega\end{bmatrix} = \begin{bmatrix} 0 & 1 \\ -\dfrac{EV_{inf}}{J(x' + x_1)}\cos\delta & 0 \end{bmatrix}\begin{bmatrix}\Delta\delta \\ \Delta\omega\end{bmatrix} \tag{5.32}$$

这个方程是 $X' = AX$ 形式，求解这个方程要比求解初始非线性方程更加容易一些，通过频率法求解此方程更容易。矩阵 A 被分解成特征值和特征向量。特征值代表了系统的不同模式，特征向量反映了状态变量里每种模式的参与程度。正的特征值代表不稳定模式。共轭模式有相同的实数部分，符号相反的复数部分代表了振荡模式。共轭模式的频率和其阻尼如图 5.19 所示。

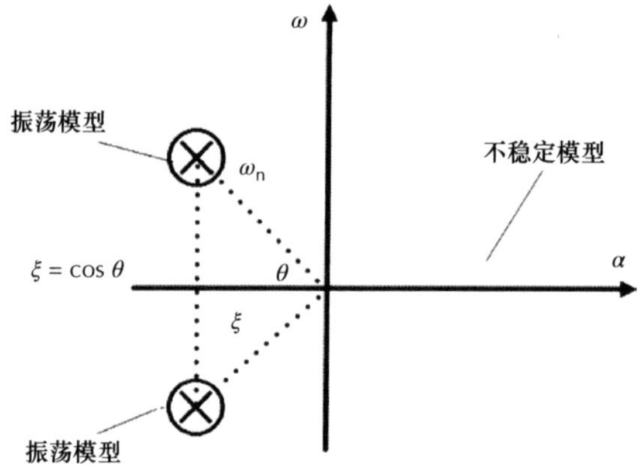

图 5.19 共轭模式的频率和阻尼

NERC 有一个关于系统允许最小阻尼的特定标准。系统不应该存在任何不稳定模式，振荡模式的阻尼应该超过特定数值（例如 0.03）。

从系统时间响应角度，图 5.20 演示了振荡阻尼的推导。通过连接最大点与最小点，一个实验曲线以指数函数 $f(t) = \mathrm{e}^{-\xi\omega_n t}$ 的形式给出。由曲线可知，通过测量频率或测量一秒内振荡次数，同时考虑 ω_n 的有效性，可以计算出阻尼系数 ξ 的值。

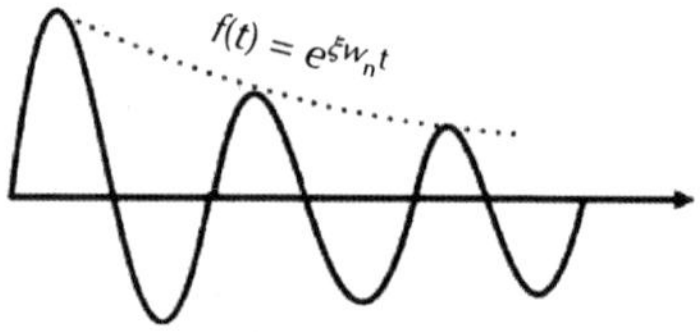

图 5.20 测量振荡阻尼

常规特征值方法有一个缺点。由于计算的困难，它只能处理到 500 个状态[1]。近来，提出了一些方法，只计算其中被选中的特征值数[31]，这些方法能够处理大规模电力系统模型。

5.3.11 功角稳定性极限推导

为了论证电力系统功角稳定性结果，所采取的方法是选取若干系统稳定性特征，并把系统稳定性结果转化为这些特征[32]。通过映射这些稳定性结果为操作参数，能获得一个系统稳定的运行环境。系统稳定性特征也被称为“运行参数”、“传输极限”或“潮流门”，一般来说这些都是系统的主要特征，在系统稳定性中有很重要的作用，例如：

1）分支上的总功率潮流；

2）一个通路或接口处的总功率潮流；

3）一个电厂的总发电量；

4）一个区域的总负荷；

5）系统特定位置的系统电压。

为了制定确保系统安全运行的运行准则，需要引入大量的离线电力系统仿真来检验与每个运行参数相关的系统的稳定性。换句话说，我们需要在系统变得不稳定的地方建立“运行参数”值。

举个例子，假设我们想获得如图 5.21 所示的系统条件，在正常条件下和任一传输系统失效时系统能保持稳定。我们来选择 3 个运行参数：

1）运行参数 1：母线 1 总发电量；

2）运行参数 2：母线 2 总发电量；

3）运行参数 3：母线 3 总发电量。

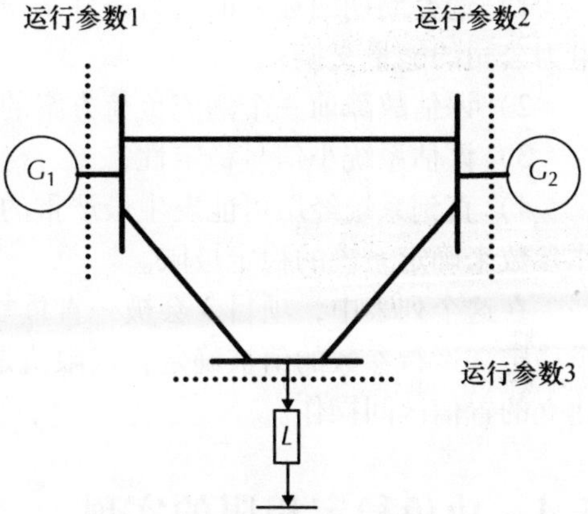

图 5.21 定义了运行参数的小系统

为了开发运行范围和制定确保系统安全运行的运行准则。需要引入大量的离线电力系统仿真，去强调在一个时间点的运行参数以获得其最大值，这里假设其他运行参数已具有恒定值。在这个示例中，我们假设运行参数的不同值之间是相关的，一个运行参数的最大值取决于其他运行参数的值。假设在大量稳态和暂态稳定性研究之后，我们得到反映最大暂态稳定极限的诺莫图，如图 5.22 所示。

操作员要确保他们在诺莫图范围内进行操作。为实现这一点，我们需要在能量管理系统中明确表示诺谟图，并确保系统运行条件保持在其范围内。

确认系统稳定性的一个典型的研究顺序为：

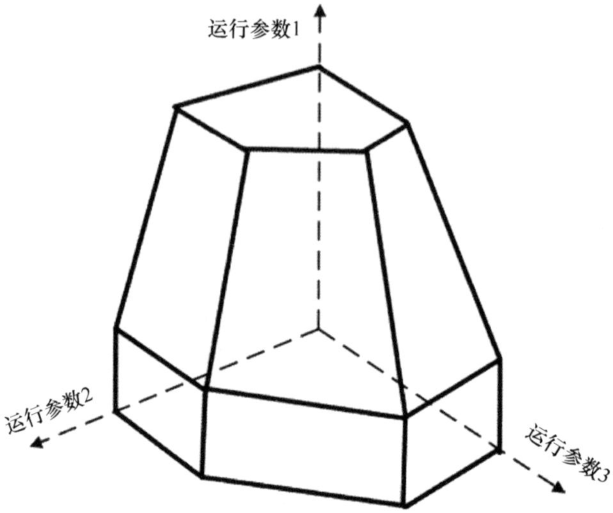

图 5.22　保持系统稳定性的稳定运行范围

1）选择周期内最差的运行条件来研究，包括系统总需求、发电模式、相邻电力公司的能量交换；

2）评估故障前一个潮流负荷方案的违规行为；

3）评估系统小信号稳定性；

4）直到系统经历可能发生最严重的故障之一而变得不稳定时，通过增加操作参数来确定系统的稳定极限。

在这个列表中，项目 3 会被一直重复，直到获得两种情况，一个不稳定、一个稳定。运行参数的值被确定，极限值是已确定的操作参数值减去由电力公司所建立的置信区间操作。

5.4　功角稳定极限的实现

如果系统的暂态稳定性是从离线研究的“操作参数极限”条款中获得的，那么这些极限将被用来规划能源管理系统中的决策表[32]。例如，在之前的小例证中，图 5.16 给出的诺莫图需要被输入到能量管理系统作为系统操作的容许域。在任何时间点，能源管理系统从所测量的运行参数的值来计算，并且要拿这些数据和极限进行比较。它警告操作员以防某一运行参数违规。此外，如果电力公司也部署了避免暂态稳定的纠正措施，那么针对不同故障所推荐采用的纠正措施表会提供给操作员，目的是在故障后准备激活推荐的纠正措施。

图 5.3 所示为此种表的一个例子。

问题和难点

5.1　定义电力系统安全和电力系统动态安全。

5.2　定义电力系统稳定性及其时间框架的分类。

5.3　描述一种需要进行识别系统稳定性极限的典型的研究序列。

5.4　使用欧拉方法求解了以下的微分方程，其中 $\boldsymbol{y(0)=0}$ 并且两次迭代的时间步长是0.1。

1） $\frac{dy}{dx}=2x^2$；

2） $\frac{dy}{dx}=0.1\left(x^2+\frac{3}{2}x+4\right)$；

3） $\frac{dy}{dx}=x^2$。

5.5　采用两次迭代，两个0.1的时间步长，利用龙格—库塔方法求解以下微分方程。

$$\frac{dy}{dx}=2x^2$$

5.6　对于以下第二个微分方程比较一下结果。

$$\frac{d^2x}{dt^2}=-\sin(x)$$

初始条件是 $t=0$。令 $h=\Delta t=0.1$

$$x(0)=0.5\text{rad}$$

$$\frac{dx(0)}{dt}=0$$

1）采用一次迭代欧拉方法求解；

2）采用一次迭代修正的欧拉方法求解；

3）采用一次迭代梯形方法求解。

5.7　使用一次迭代龙格—库塔方法手动求解题9.6的问题。

5.8　编写一段MATLAB代码求解上述方程。

5.9　对于以下系统，首先建立稳态条件和 E，δ。然后使用面积等效原则，计算临界角度和故障清除时间（见图5.23）。

采用以下值：

$X_{\text{trans1}}=0.45$；

$X_{\text{trans2}}=0.75$；

$X_{\text{t}}=0.35$；

$V_{\text{t}}=1$；

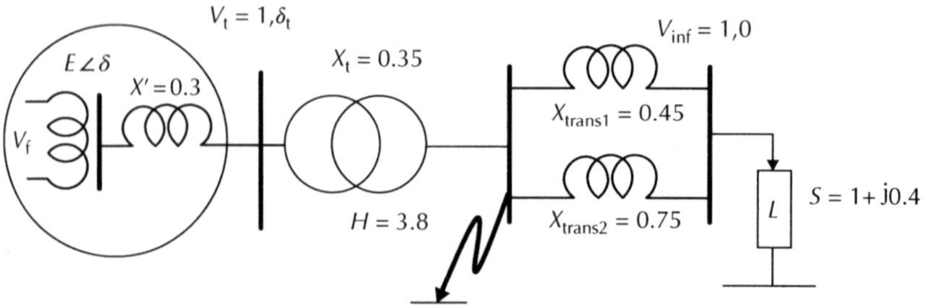

图 5.23　问题 5.9 的系统图

$H=3.8$MW · s/MVA；

$X'=0.3$；

$S=1.0+j0.4$；

$V_{inf}=1\angle 0$。

5.10　写出故障前、故障中和故障后 3 个阶段的运动方程。采用步长为 0.0001 的欧拉积分方法对运动方程进行积分，获得故障清除时间，假设以下阶段：

故障前：$t\leqslant 1$；

故障中：$1\leqslant t\leqslant 1+t_{cl}$；

故障后：$t>1+t_{d}$。

第6章
电力系统姿态：电压稳定性

6.1　关于电力系统姿态的操作员问题：电压稳定性

一个电力系统安全的特点是：

1）故障发生前后可接受操作条件的存在；

2）电力系统能够跨越故障并且故障后仍能运行而没有变得不稳定。

操作员需要确保系统具有跨越故障的能力，并且故障后仍能正常运行而没有出现不稳定。冲击系统跨越故障能力的两个现象是功角稳定性和电压稳定性。电力系统电压稳定性在文献［31］中被定义为：

该系统在正常运行条件下和受到干扰后，系统中所有母线维持稳定可接受电压的能力。

操作员需要确保系统可以跨越任何故障而不出现电压不稳定；当系统由于干扰，如停机、负荷增加、发电减少或者一般性运行条件的任何变化，而发生电压不可控下降时，此时电压失稳。操作员需要回答的主要问题是，如果在任何可接受和不可接受的故障后，系统电压是稳定的，则他（或她）需要采取的行为是给出系统的状态，以便系统在操作上可行的。

6.2　电力系统姿态过程：电压稳定性

电压稳定比暂态稳定要慢，故障发生后通常需要几分钟才会使系统不稳定。尽管有时间尺度上的差异，但一旦发生故障，操作员也没有足够的时间手动引导系统恢复正常。由于以上原因，在故障发生后，对于电压稳定性的系统姿态控制过程，涉及开发不包含任何与操作员手动操作相关的预防和纠正措施。

预防措施包括建立称之为“诺莫图”的故障前操作条件的约束如图 6.1 所示。故障产生后这些诺莫图对故障前的操作条件进行限制，以避免暂态不稳定。

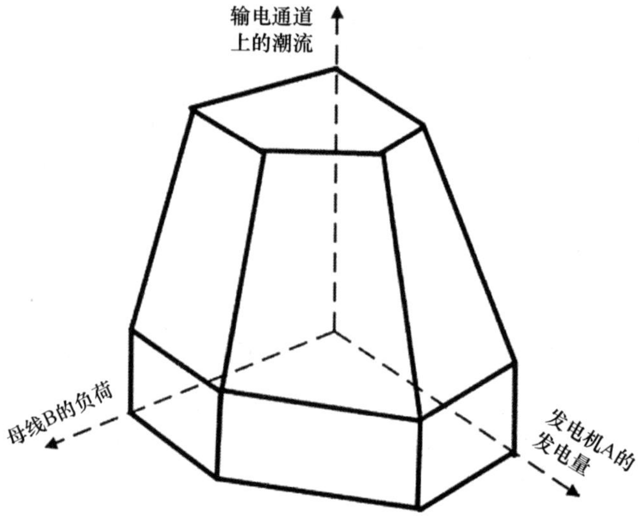

图 6.1　故障情况下避免系统暂态不稳定的正常条件下可接受的操作条件

电力公司也部署纠正措施以避免电压不稳定。这些纠正措施必须在正常运行条件下被设计和执行，以避免电压随着故障变得不稳定。通过经验和对于系统的认识，电力公司所开发的 RAS 主要针对操作不可行的故障。这些 RAS 通常涉及系统自动启动或者故障后需要发生电网变化的情况。例如，一个 RAS 可能涉及投入一定数量的电容和切除一部分电抗器的情况。在任何可接受的故障产生后，这些补救措施应该位于操作者适合操作的位置，来确保系统正常。

总之，操作员被提供了故障前诺莫图或者操作条件约束，以及被激活来保障系统暂态稳定的纠正措施的一种组合。操作员需要确保主要的运行条件维持在受限的诺莫图或约束范围内。此外，在不同的故障环境下，操作员可以拥有纠正措施或 RAS，在同样的条件下他们需要批准才能激活。图 6.2 所示为在 BC Hydro 中，操作员可用的一个电压稳定显示界面。这个显示界面在不同的故障情况下，提供给操作员一个能够稳定系统电压，限制故障前操作条件的诺莫图。这幅图来自 BC Hydro 中具有代表性的两台主要发电机组。

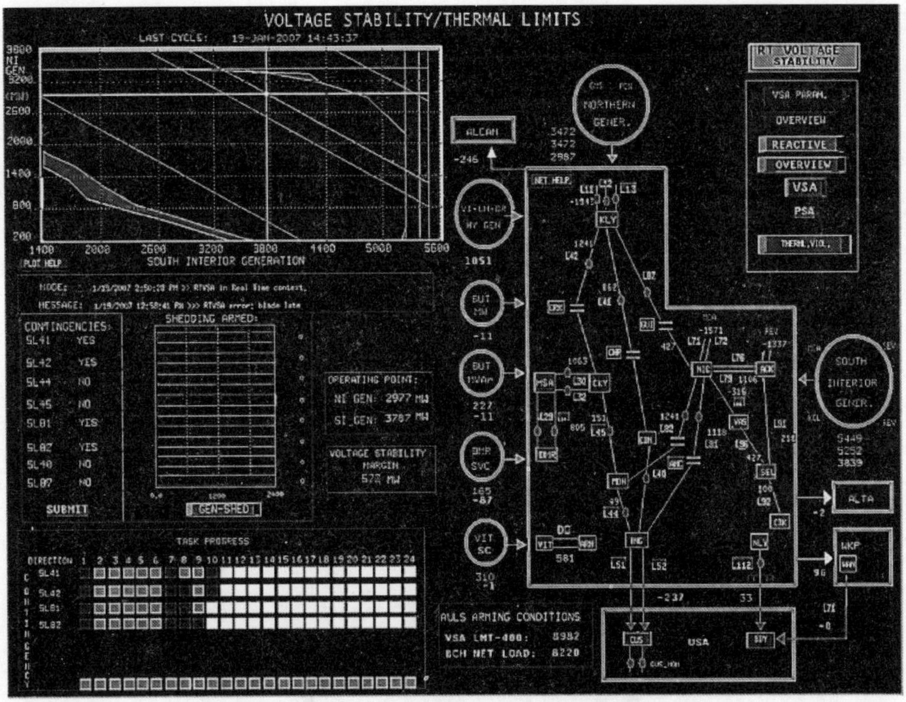

图 6.2　一个典型 EMS 基于离线电压稳定性的显示图

6.3　电力系统姿态技术：电压稳定性

有两组电压稳定姿态所需的技术：

1）电压稳定性评估；

2）电压稳定极限和补救行动计划的实施。

6.3.1　电压稳定性评估

电压安全是要处理维持可接受电压的各个方面。它能被分成两个领域：

（1）维持可接受的电压分布。包括可接受的故障前、后的电压，可接受的故障后的电压变化，以及可接受的故障后瞬态电压变化。

（2）维持电压稳定性。在正常和故障条件下，电压稳定性是和电力系统在所有母线上维持稳定可接受电压的能力相关的[1]。当系统出现扰动，如负荷增加或者条件改变而产生连续且不可控的电压下降时，系统进入了一种电压不稳定状态。造成不稳定的主要因素是电力系统的无功需求无法满足。如果系统中存在一定数量的调节和控制设备，则有助于电压稳定。

1）发电机、同步调相机或达到无功功率极限的 SVC；

2）调压变压器的作用；

3）负荷恢复的动态；

4）线路跳闸或发电机停运。

认识到关于电压稳定性调节和控制的效果，文献［33］定义了电压稳定性：

认为电压稳定性源自于动态负荷尝试去恢复消耗的功率，这部分功率超出了联合输电和发电系统所能供给的能力。

为了理解电压稳定性，我们先从两个简单系统开始建立电力负荷特性，然后推导出大系统的特性和可接受的操作区域。

1. 简单电阻系统

图 6.3 所示为一个简单的电阻系统提供了一个 R_{load} 负载。可以推导出 P 和 V_{load} 之间的关系

$$P = I_{load}V_{load} = \frac{(E - V_{load})}{R}V_{load} = \frac{E}{R}V_{load} - \frac{1}{R}V_{load}^2$$

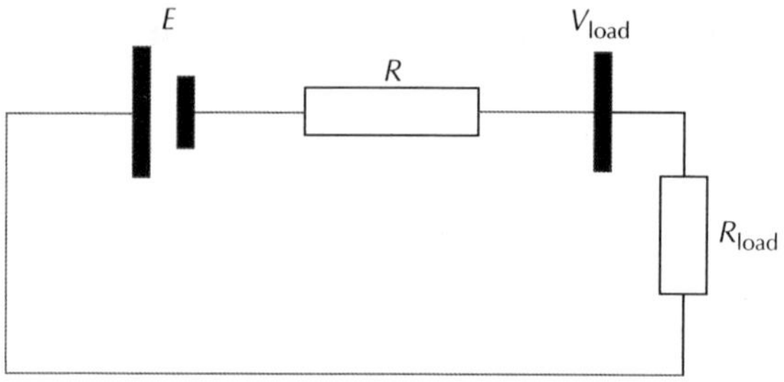

图 6.3 简单的电阻网络

图 6.4 所示为功率电压特性。很显然，每一个功率值对应两个电压值；一个在曲线顶部另一个在底部。最大功率 P_{max} 可以在 R_{load} 点对 P 求导获得。

$$P_{load} = I^2R_{load} = \left[\frac{E}{(R + R_{load})}\right]^2 R_{load} = E^2\left[\frac{1}{(R + R_{load})^2}\right]R_{load}$$

$$\frac{\partial P}{\partial R_{load}} = -2E^2\left[\frac{1}{(R + R_{load})^3}\right]R_{load} + E^2\left[\frac{1}{(R + R_{load})}\right]^2 = 0$$

从中得到

$$R_{load} = R$$

$$P_{max} = E^2\left[\frac{1}{(R+R_{load})^2}\right]R_{load}$$

$$= E^2\left[\frac{1}{(R+R_{load})^2}\right]R_{load} = \frac{E^2}{4R}$$

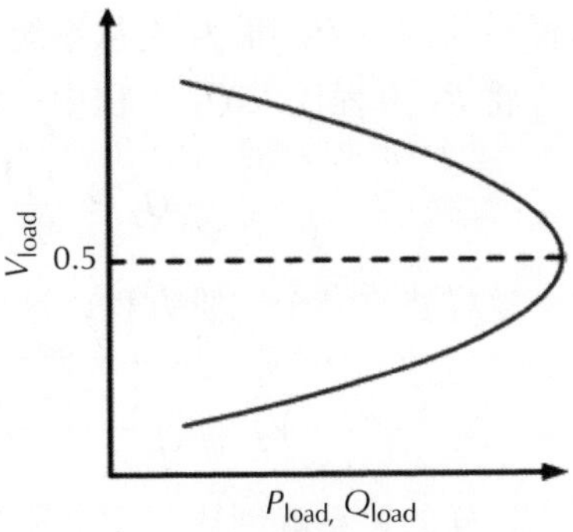

图 6.4　电阻网络的电压负荷特性

2. 简单双母线系统

根据图 6.5 所示双母线系统，使用功率潮流方程式（3.33）和式（3.34），可以得到

$$P_2 = G_{21}V_1V_2\cos(\vartheta_2) + B_{21}V_1V_2\sin(\vartheta_2) + G_{22}V_2^2 \quad (6.1)$$

$$Q_2 = G_{21}V_1V_2\sin(\vartheta_2) - V_{21}V_1V_2\cos(\vartheta_2) - B_{22}V_2^2 \quad (6.2)$$

在接下来的章节中，借助式（6.1）和式（6.2）给出的 P_2 和 Q_2 之间的关系，可得 $P-V$，$Q-V$ 和式（6.1）给出的相似的特性。

为了建立 $P-V$ 和 $Q-V$ 的关系，可以从式（6.1）和式（6.2）中得到不同的 V_2 值。另一个方法就是从这两个公式中消除参数（ϑ_2）。

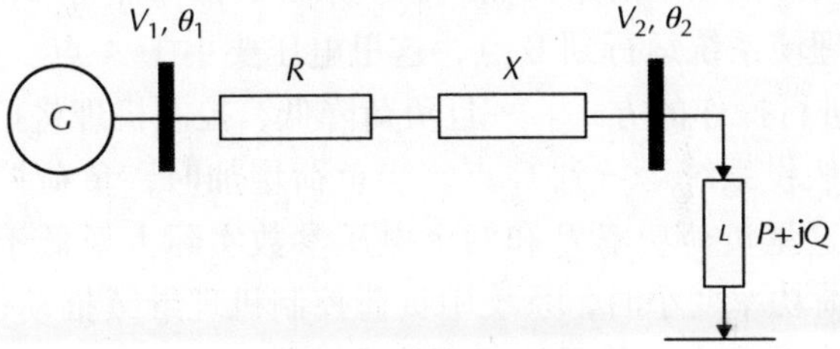

图 6.5　简单双母线系统

为了简化消去的过程，假设系统无损耗（$R=0$），此假设简化了式（6.3）和式（6.4）。

$$-P_2 = B_{21}V_1V_2\sin(\vartheta_2) \quad (6.3)$$

$$-Q_2 = -B_{21}V_1V_2\cos(\vartheta_2) - B_{22}V_2^2 \quad (6.4)$$

已知 $B_{21}=\frac{-1}{X_{21}}$ 及 $B_{22}=\frac{-1}{X_{22}}$。

可得

$$-P_2 = \frac{V_1V_2}{X_{21}}\sin(\vartheta_2) \quad (6.5)$$

$$-Q_2 = \frac{V_1V_2}{X_{21}}\cos(\vartheta_2) - \frac{V_2^2}{X_{21}} \quad (6.6)$$

注意，和 P_2，Q_2 相关的负号是因为功率潮流方程中假设注入的 P 和 Q 是负值。

这样，就假设 P_2 和 Q_2 是从系统中提取的被消耗的负荷。

将 P_2 方程代入 Q_2 方程中，消去 $\sin(\vartheta_2)$，得到

$$-Q_2 = \frac{V_1V_2}{X_{21}}\sqrt{1-\left(\frac{-X_{21}P_2}{V_1V_2}\right)^2} - \frac{V_2^2}{X_{21}} \tag{6.7}$$

这样建立一个二阶方程，这里 V_2 的解为

$$V_2 = \sqrt{\frac{(V_1^2 - 2QX) \pm \sqrt{V_1^4 - 4QXV_1^2 - 4P^2X^2}}{2}} \tag{6.8}$$

这样的关系就创建了一个和图 6.2 中相似的特性。

3. 通用系统的电压稳定特性

当通过传输系统带负荷时，这两个例子试图说明通用系统运行状态。这些特性表明每个功率等级都有两个电压值，其中一个略低于另一个。一般来说，系统被设计和调整以便能够对曲线的上升侧进行操作，有如下两个原因：

1）曲线下部的电压可能不在可接受的电压挡，例如 0.9 ~ 1.1p. u 的操作区域内；

2）电力系统的控制是为了设计去恢复偶然被破坏的系统。

我们将要说明图 6.6 中的第二点。假设系统的操作点为 A，现在假设负荷增加，负荷控制机理使系统运行到 B 点，这里电压要小于 A 点。这就是控制装置，如 ULTC 被设计进行操作的方式。一旦负荷降低，控制机理将把系统负荷从 B 点变到 A 点。现在假设系统运行到 C 点，当负荷增加时，负荷控制机理把运行条件调整到 D 点，这里负荷功率 P 和两个电压参数实际上要低于运行到更大功率的运行点。当负荷功率变小时，系统中负荷控制机理继续推动运行点远离 C 点，移动到更低的 P 和 V 点上，使系统不再稳定[33]。

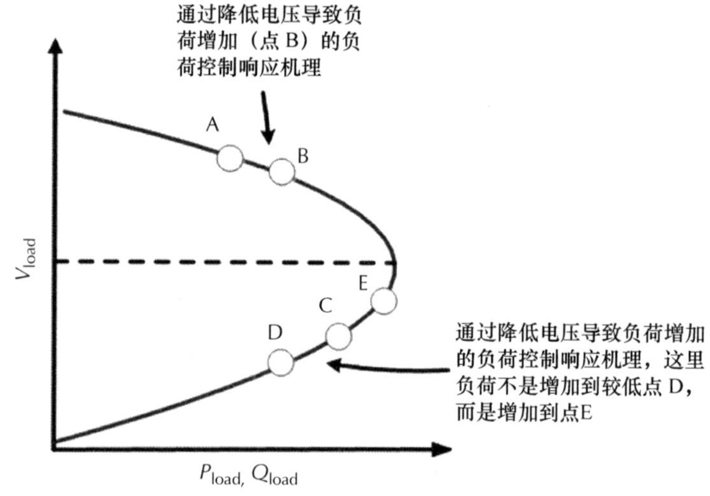

图 6.6　负荷的增加对于操作条件的影响

上述的讨论巩固了这样的观点：电力系统装置和控制的设计特性迫使系统运行在 $P-V$ 和 $Q-V$ 曲线的上侧区域。

4. 电压稳定判据

一般系统的电压稳定性包括获得最大临界值或者正常系统的峰值（图 6.7 中的 D 点），以及其他所有危险故障的峰值，并且保证在正常条件和紧急条件下系统的可操作性。图 6.5 所示为电压稳定运行的必要条件。假设正常条件下的运行条件是 A 点，故障发生后，运行条件将移动到 G 或 H 点。正常系统特性表明可以施加多种条件使之到达 D 点。然而，最小峰值的故障被称为最大临界故障，使得操作条件限制在 C 点，因为这种故障发生后运行条件将突变到 F 点，但这仍然是可接受的。

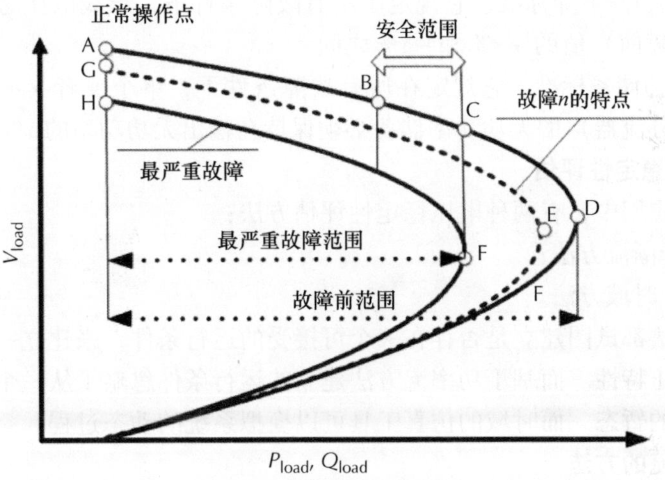

图 6.7　电压稳定裕量

相关操作指南在过去的 20 年里已经被开发[31-36]，用来避免电压不稳定性，它在故障前采取措施，比如大范围的无功储备系统或者一定数量的关键发电机、电压、交换潮流，或者在一定区域内的总负荷。利用这样的准则，电力公司尝试远离故障前曲线的峰值（图 6.5 中 D 点），期间是通过对故障点留有一定的余度（图 6.5 中 C 点）来避免电压不稳定。采用这样的方法需要大量的公司经验、政策和规范要求。例如，如果研究显示当特定发电机的无功储备达到一定值的时候，电压可能产生不稳定，那么电力公司或许可以使用这种方法指示电压的安全性。任何这种方法的成功之处在于对那些各种条件下特定系统中电压不稳定机理的理解。这一章节对于开发和应用安全评估方法提供了一些常规的指南。

一些电力公司添加一个额外的安全裕量，以满足计算数据和近似建模。在图 6.7 中安全裕量是运行条件从 C 点到 B 点。

在计算电压稳定性时，电力公司可能有不同的做法，为了获得这些曲线，电力公司可选择增加不同的应力变量，例如：

1）单一系统有功负荷或者 $P-V$ 曲线；

2）单一系统无功负荷或者 $Q-V$ 曲线；

3）有功和无功负荷 $P+\mathrm{j}Q/V$ 比例增加。

可以得出，系统必须在这样的条件下运行，对于操作点和所有可接受的故障点，电压的稳态裕量维持在比反映应力变量 $x\%$ 略大一些，$x\%$ 为安全裕量。

例如，当各种应力变量被定义作为区域负荷并且标准为7%时，在所有故障条件下，当区域负荷超过所给的7%时，系统必须保持电压稳定。

（1）除了电压稳定裕量标准，电力公司或许建立其他运行电压安全标准，例如，电压上升/下降标准，它规定了所有故障条件下，母线电压必须保持在正常（或者故障前）值的 $+x\%$ 和 $-y\%$ 之间。

（2）无功储备标准。它规定在所有故障条件下，单个或者 Var 电源组（发电机和可控分流器）的无功功率储备必须保持在输出无功功率的 $x\%$ 以上。

5. 电压稳定性评估

在实际应用中，有两种电压稳定性评估方法：

1）基于潮流方法；

2）基于时域方法。

两种方法都试图建立是否存在一个可接受的运行条件，来建立一个运行点去创建负荷电压特性。而基于功率流方法建立的运行条件忽略了从一个状态向下一个状态过渡的暂态，而时域的仿真工具可以模拟系统的动态过程。

基于潮流的方法

基于潮流的方法假设与系统动态相关的暂态过程已经结束，把新的运行条件当做稳态运行条件并把控制过程考虑在内。在这个类别下有两种方法。

（1）潮流法。应力变量（P，Q 或 $P+\mathrm{j}Q$）的最大负荷能力或者最大值可以通过在初始运行点（图6.6A点）启动和在应力变量中产生小增量计算得出，并且在发电模式下产生相应的增量来反映在点B，C或者其他工作状态下的合理运行条件。通过求解每个工况下的相应潮流来作为后续工作的跟进。这最终将导致最大负荷点O超出，使得潮流发散。

（2）连续潮流方法。连续潮流[37]利用一个给定的负荷发电量的直接变化，找到了潮流解决方案的连续区域。连续的潮流获得了一系列重新拟定的潮流方程的解，为了包含提供角度的一个参数，这个角度是连续变量（如负荷）所有改变的角度。这个使用预测纠正方案的方法具有发现系统电压稳定性曲线的能力并且不发散，因为它能避免图6.8所示的最大负荷点。通过避免在峰值点发散，这个方法能对峰值点提供一个更好的预测。

基于时域的方法

基于时域的方法模拟了系统执行的动作，同时考虑了与设备控制动作相关的长的动态响应时间。虽然潮流方法计算了在每个操作条件（图 6.6 中 A，B 和 O 点）上的相应稳态下的潮流，而基于时域的方法是在每个工作点上运行一个详细的仿真，同时要考虑如图 6.9 所示的开关和控制动作，以指示该操作条件是否是电压稳定的。这个方法的优点在于模型的精度和控制保护系统的仿真，而这些都依赖于系统操作条件的变化。此外，这个方法提供了解释结果的能力，并能观察系统变化的细节。

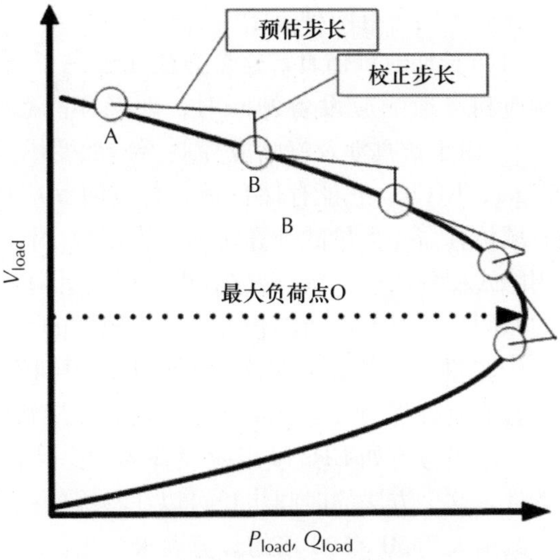

图 6.8　连续潮流方法

举例说明，考虑这样一个例子，目的是评估一个可投切的电容器组是否能解决电压稳定性的问题。虽然潮流方法并不考虑和电容投切操作相关的延迟时间，但时域方法能够模拟电容器投切的操作过程，从而评估它们是否可以及时地动作，以避免电压不稳。此外，这个研究也能提供关于电容切换与其他器件，如 ULTC 相互配合的更多信息。

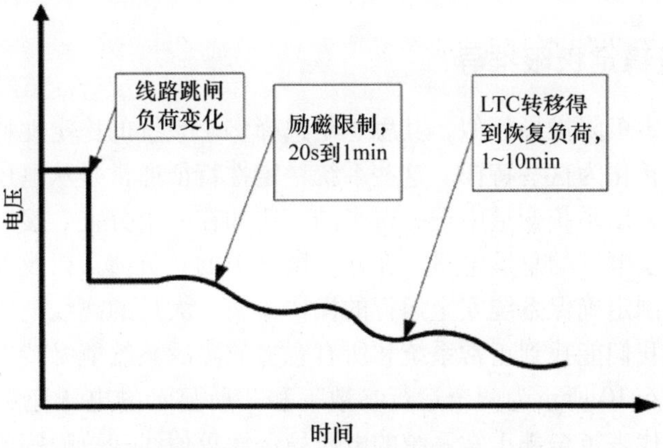

图 6.9　时域仿真中一种典型的开关序列和控制动作

在此类别下有两种方法。

（1）长期时域仿真。这个方法在考虑了所有参与电压稳定性动态控制的快速响应和慢速响应设备的同时，动态和静态方程被全部求解，已获得系统性能[31]。由于仿真涉及慢响应控制器，如变压器有载分接开关的动作（Load Tap Changer，LTC），它能存储负荷，仿真时间应该花费若干分钟。对于执行10min的时域仿真需要大量的计算时间。为了减少计算时间，建议使用变步长方法，它使用隐式积分法[31,33]，能够获得很好的计算效果。在这些方法中，通过采用较大的时间步长以及恰当的积分方法，短期的暂态被过滤掉。

（2）准动态仿真。在这个方法中，短期暂态通过它们的稳态平衡方程来补偿动态响应方程的去除。实际上，代表短期暂态的微分方程被它的稳态代数方程所取代。当考虑如LTC慢相应设备的动态特性时，这种方法消除暂态的短期动态特性。这个方法的时间步长可以在秒级的范围内与精确时域仿真的毫秒级相对比，减少大约50～100倍的计算要求，提供了计算效率和精度之间的一个折中方案。这个方法的缺点在于它的假设中，短期暂态可以忽略不计，没有能力去预测短期暂态电压的稳定性。

6.4 电压稳定性极限推导和执行

由于计算的负担，电力公司预先计算一年不同时期的电压稳定性极限，并在EMS中执行它，对减缓不稳定性采取必要的措施并加以监控。近年来，在线电压稳定性通过采用更加精确的实时计算得以实现。这一新的发展在第9章中介绍。

6.4.1 电压稳定极限推导

和暂态稳定极限推导相似，其思想是选择多个系统的稳定性特征，并将系统的电压稳定性转化为这些特征。这些系统稳定性特征通常是从电压稳定系统中扮演主要角色的突出系统变量中选择得来的。比如在一个分支、接口或者通道上的总潮流，一个发电厂的总发电量，在一个区域中的总负荷，以及在特定位置的系统电压。为了制定确保系统安全运行的操作指南，大量的离线电压稳定性研究被实施，来确保我们能找到正常系统和所有恶劣故障后系统能维持电压稳定的运行参数范围。图6.10所示为两个运行参数1和2所显示的电压稳定性的可接受区域。这个面积代表了全部正常系统的电压稳定性等值线和故障等值线之间常见的可接受区域。许多这样的诺莫图提供给操作员来确保系统运行在所示的可接受区域内。

以下步骤提供了一个典型的离线式电压研究的序列，为研究期间提供可接受

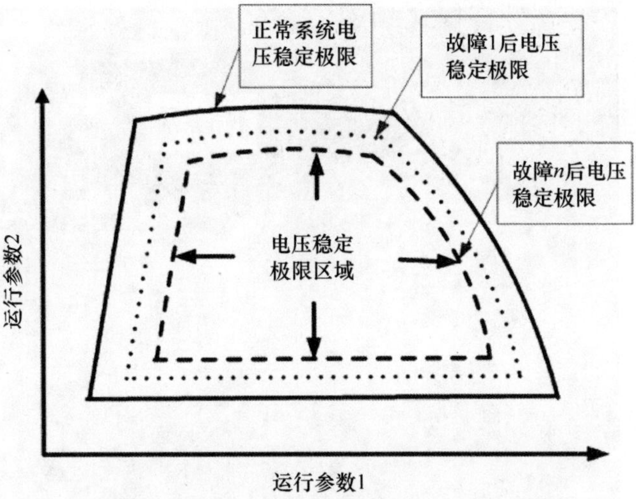

图 6.10　针对两个运行参数电压稳定性的可接受区域

的操作区域。

(1) 选择最恶劣时期的操作条件进行研究。这包括主要的需求、发电模式和邻近电力公司的交易。例如，如果研究在冬季进行，则选择这个时期最恶劣的操作条件。

(2) 有必要定义一些严重故障对电压稳定性进行评估。从技术上说，最好是使用应急筛选和排序法来建立一个简短的严重故障列表 [39]。

(3) 在现有的操作条件下，建立正常系统和全部 n 次严重故障后系统的电压稳定性。如果在初始操作条件下系统的电压稳定性是不稳定的，则需要建立缓解控制操作（如减载）来稳定系统。

(4) 通过增加操作参数来确定可接受的操作极限，直到系统伴随一个可能的严重故障而变得不稳定。

在这个列表中，第 (3) 项应该被重复进行直到获得稳定和不稳定两种情况。

稳定的情况代表达到峰值点之前的一种状态，而不稳定的点表示它已经超越了峰值点。操作参数的值确定后，极限将是用这个值减去电力公司所建立的置信区间。

6.4.2　电压稳定性极限的实现

一旦系统操作极限通过离线研究被确定，那么这些极限值在能源管理系统中将以诺莫图的形式表示。图 6.11 所示为在 BC Hydro 中对操作员来说可用的电压

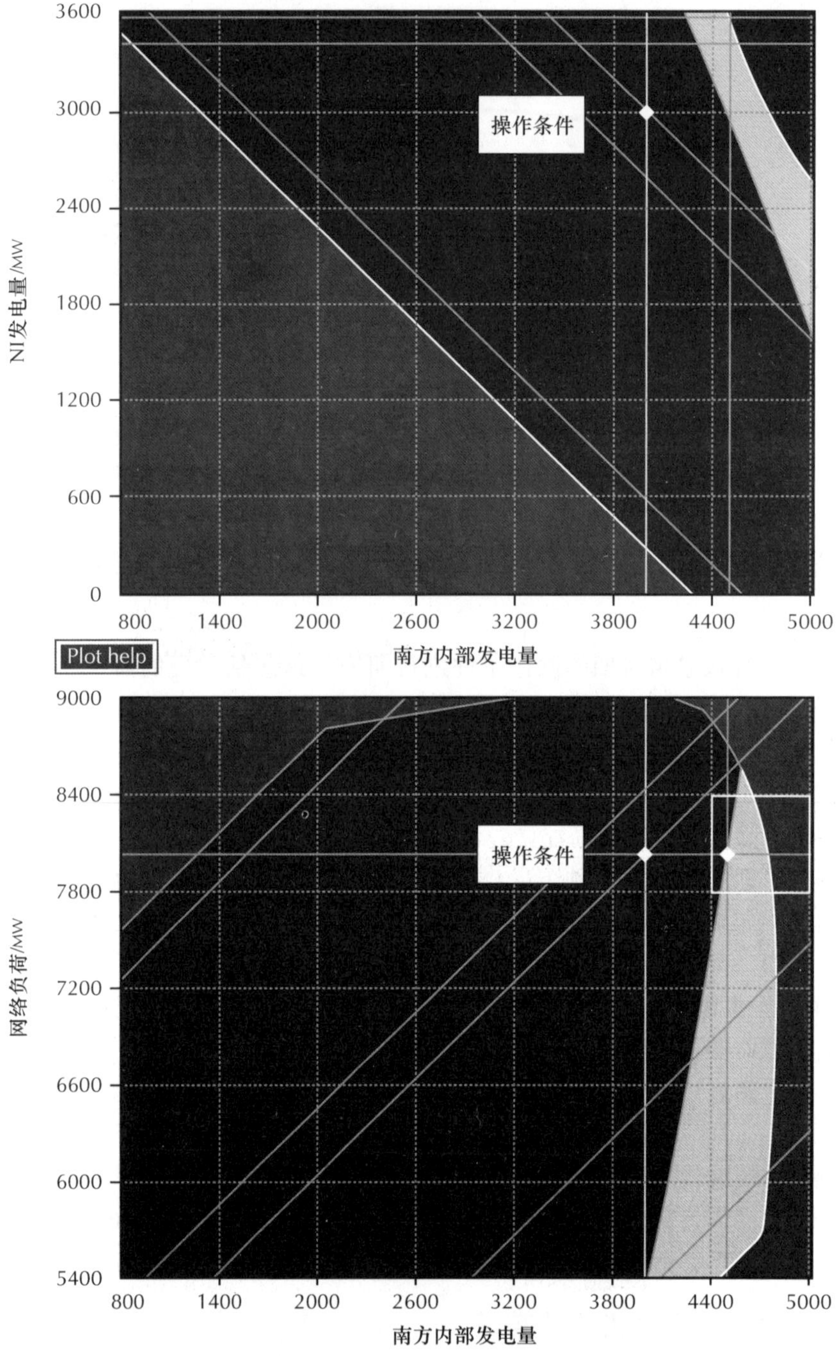

图 6.11　正常系统 BC Hydro 离线电压稳定性诺莫图

稳定性显示设备之一。显示界面为操作员提供了两个诺莫图，主要为制约故障发生前的系统正常操作条件，来确保在不同故障下系统电压的稳定性。上面的诺莫图提供了 NI 发电量和 SI 发电量的对比区域，而下面的诺莫图提供了网络系统负荷与 SI 发电量的对比区域。当一个主要的传输退出服务时，图 6.12 所示为此种

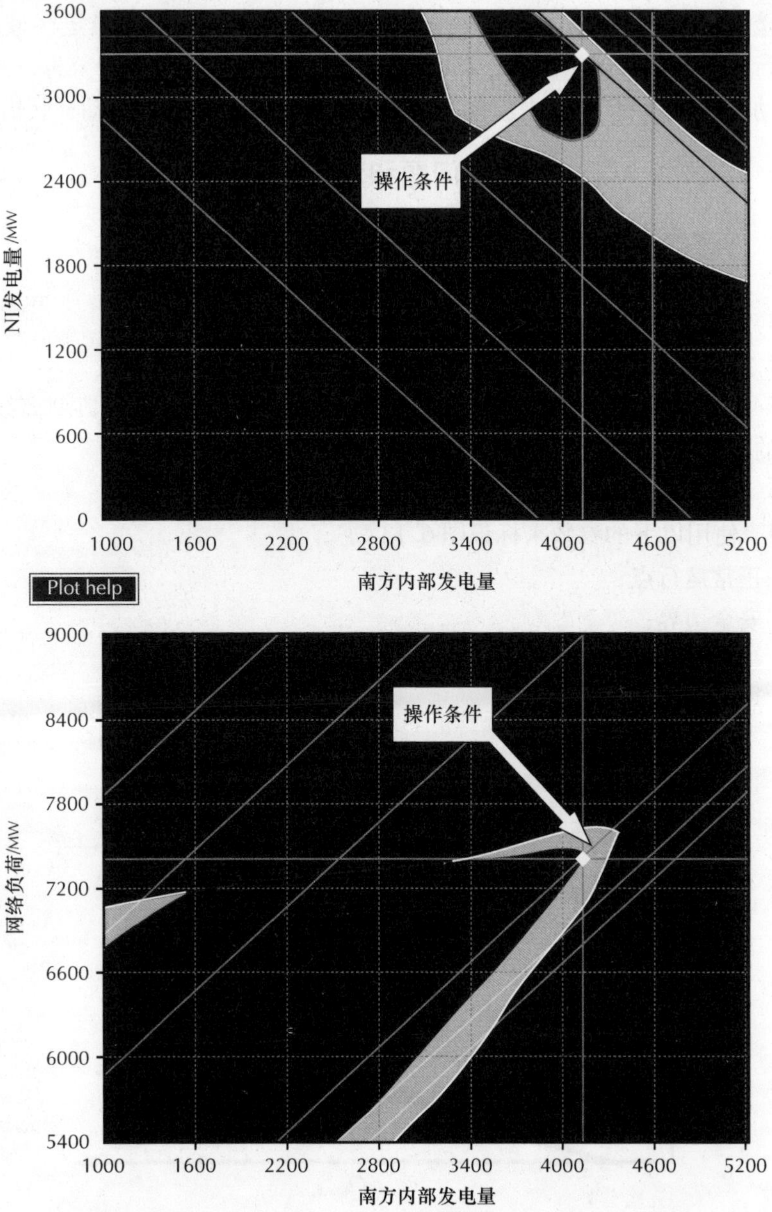

图 6.12　一个单元退出服务时 BC Hydro 离线电压稳定性诺莫图

情况下相同的诺莫图。能量管理系统通过现行系统条件计算运行参数的值，并且比较它们的极限。它提示操作员以防某个操作参数可能违规。如果现存的系统被发现运行在稳定区域以外，那么之前规划好的补救措施，如负荷切除在 SCADA 中就将被装载。例如，现行的系统条件如图 6.11 所示，它指示出系统很好地运行在可接受区域内。另一方面，在图 6.12 中操作条件是电压稳定区域的边界。如果现行操作条件移出该区域，那么应用程序将会给操作员发出警告。此外，如果这个动作已经在 SCADA 中被执行了，那么系统或许会给出自动补救措施。

问题和难点

6.1 定义电力系统电压稳定性。

6.2 列出电力系统安全性的两个必要条件。

6.3 列出并描述电压稳定姿态所需的两套技术方案。

6.4 描述电力系统电压稳定性评估的时域分析法。

6.5 列出并描述在一个研究期间，用于提供可接受区域的典型离线电压研究序列的步骤。

6.6 应力参数是什么？

6.7 使用以下的参数来标识图 6.13：

1）正常运行点；

2）安全边界；

3）最严重的事故；

4）故障前边界。

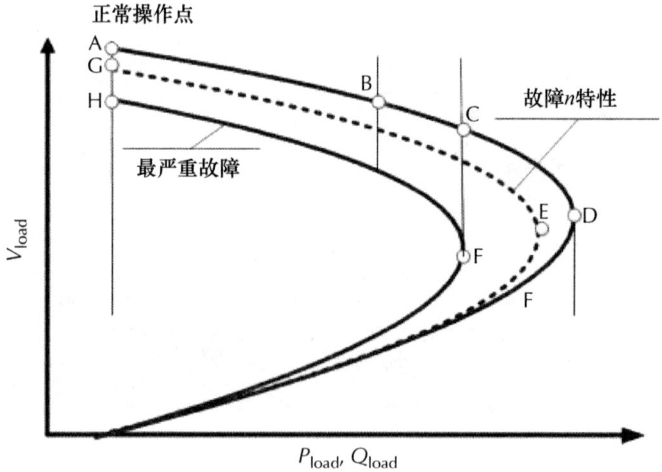

图 6.13 问题 6.7 中故障前和故障后电压稳定特性

6.8　对于图 6.5 中所给出的两母线系统，使用如下分析方程，假设 $Q = 0.3$，$X = 0.1$ 和 $V_1 = 1.06$ 时推导峰值点。

$$V_2 = \sqrt{\frac{(V_1^2 - 2QX) \quad \pm \sqrt{V_1^4 - 4QXV_1^2 - 4P^2X^2}}{2}}$$

6.9　使用问题 6.8 中所给出的方程，绘制以下状态下的 $V_2 - P_2$ 曲线

实例	V_1	Q	X
1	1.00	0.436	0.4751
2	1.00	0.436	0.46
3	1.00	0.436	0.45

6.10　一个电力公司具有 $P_{\text{load}} = 1000\text{MW}$ 的运行条件，在 4 个严重故障的情况下具有以下电压稳定性极限值：

1）如果不考虑故障系统，那么能提供多少负荷？

2）如果没有故障状态被考虑，那么系统具有的电压稳定性边界是多少？

3）如果在故障情况下系统电压稳定性也被考虑的话，那么系统能够提供多少负荷？

4）如果操作员使用 80WM 的安全边界，那么系统将提供多少负荷？

系统条件	电压稳定性极限
正常系统	2000MW
故障 1	1800MW
故障 2	1400MW
故障 3	1100MW
故障 4	1300MW

6.11　一个电力公司具有 $P_{\text{load}} = 1000\text{MW}$，500MVar 的运行条件，在 4 个严重故障的情况下，具有以下电压稳定性极限值：

系统条件	电压稳定极限	电压稳定极限	电压稳定极限
应力参数	P	Q	P，Q
正常系统	2000MW	1500MVar	2000MW，1500MVar
故障 1	1800MW	1300MVar	1800MW，1300MVar
故障 2	1400MW	1000MVar	1400MW，1000MVar
故障 3	1100MW	800MVar	1100MW，800MVar
故障 4	1300MW	1100MVar	1300MW，1100MVar

1）根据不同应力参数，如果考虑无故障状态，那么电压稳定性的边界是什么？

2）根据不同应力参数，如果在故障情况下系统电压稳定性极限也被考虑，那么电压稳定性的边界是什么？

第 7 章 电力系统发电负荷平衡

7.1 关于发电负荷平衡的操作员问题

系统操作员的一个基本职责是实时地平衡负荷和发电量，其中负荷代表本地负荷和规划好的与其他公司交换负荷的总和。NERC 已经出台了确保每个电力公司履行负荷指标和发电平衡的标准，主要为了它不会对其他电力公司产生不适当的负荷平衡责任。

为了实时地平衡负荷和发电量，系统操作员需要确保调节一定数量发电单元与发电负荷相匹配的自动发电控制（Atomatic Generation Control，AGC）系统正好工作在 NERC 所建立的可靠性标准之内。

7.2 发电负荷平衡过程

7.2.1 介绍

电力公司需要计划和操作他们的系统来确保能提供给他们负荷，如图 7.1 所示，在确保他们能提供所需负荷的方面存在四种不同的时间架构。长期规划确保最优的发电组合被用来投资提供预测负荷。操作规划是处理在未来几个月内需要产生以维持为目的的在传输和发电方面的变化。处理那些需要在线提供负荷机组的最优选择的机组功能或许会落在这个时间架构内，这依赖于他们自身的类型，发电机组为了保持从几个月到几天的时间跨距的起动，需要不同的准备时间。例如核电机组需要数月的准备，而液压装置可以在一天左右起动，电力系统靠经济调度来选择最经济的发电机组在接下来的几小时内给负荷供电。当操作员没有足够的时间来控制发电机时，AGC 的目标就是以一分钟为单位来平衡发电量和负荷，这也被称为负荷频率控制。这一目标来源于一个相互关联的电力系统操作所遵循的以下原则：

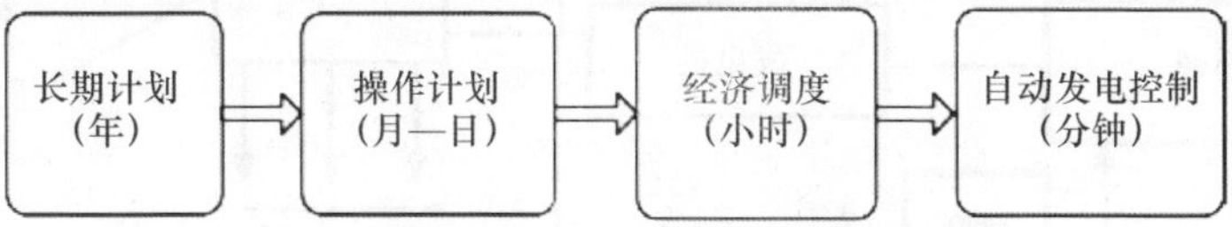

图 7.1　不同时间跨度内的发电负荷平衡

1）在正常条件下，每个系统应提供足够的容量去供给负荷；

2）每个系统都应该具有足够的容量去提供和其他电力公司相互关联的预期的协议；

3）每个系统都应该提供自己的监管服务要求，不在其他系统上强加任何监管义务；

4）每个系统应该同步它的时间到一个精确的时间点上，从而去除掉因时间推移所造成的累积频率偏差；

5）每个系统都应该提供在故障时平衡负荷所需的容量。然而，在故障情况下，该系统可以依靠其互联提供一定容量的支持。

为了完成这些目标，一个新的被称为 AGC 的集中控制器被开发，如图 7.2 所示，它和其他的发电机电压和速度控制系统同时工作。如图 7.2 所示，AGC 通过使用参考频率和设定的交换值来计算频率和交换潮流偏差，从而测量实际的频率和交换潮流。然后利用所获得的频率和交换偏差在分钟的基础上去平衡负荷和发电量。

考虑到每个电力公司的负荷是由本地负荷以及所设定的和其他公司协调的负荷组成的，两个系统的测量值反映了发电负荷的不平衡度。首要指标是系统频率，它在整个系统中是一个常数，反映了本地负荷是否平衡。它通过使用不与其他区域发生联系的孤岛系统来获得最好的表达。通过消除频率误差，AGC 的控制确保了发电和负荷的均衡。

第二个指标为这个电力公司不得不给其他公司的总的交换协议。因此，如果许多电力公司都尝试消除频率误差，则对于整个互联系统来说，它们将最终平衡发电和负荷量，除了最终的输出或许不能履行它们彼此内部的交换协议。出于这个原因，该 AGC 控制器必须同时考虑频率最小化和交换偏差作为其控制设计的目标函数。因此，区域控制误差（Area Control Error，ACE）对于系统来说被定义为式（7.1）。

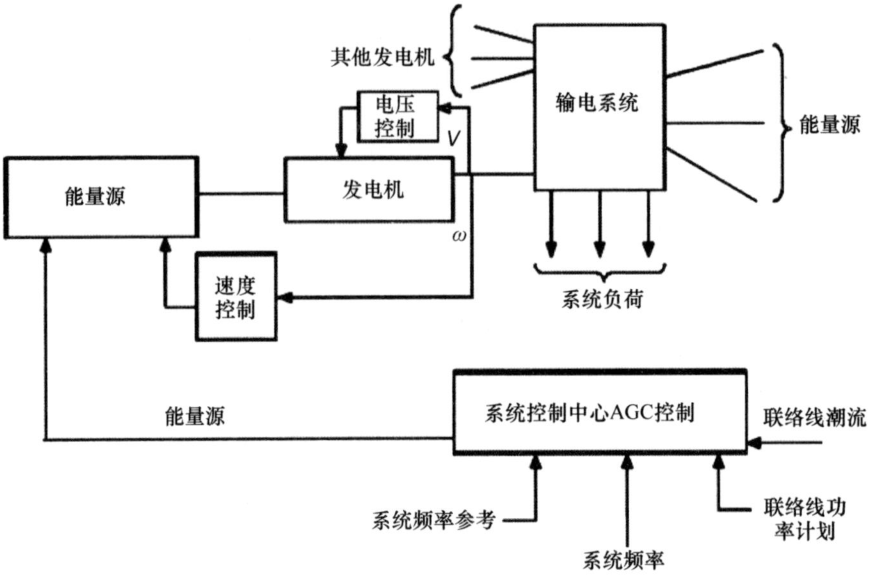

图 7.2　电力系统自动发电控制

$$ACE = -10\beta_f \cdot (f_{Actual} - f_{Desired}) + (T_{Actual} - T_{Scheduled}) \qquad (7.1)$$

其中，$f_{Desired}$为理想频率，单位为 Hz（例如 60Hz）；f_{Actual}为实际频率，单位为 Hz；T_{Actual}为实际的交换协议或者对于出口带有正号的线性潮流，单位为 MW；$T_{Scheduled}$为设定的交换协议或者对于出口带有正号的线性潮流，单位为 MW；β_f为带有负值的区域偏差，单位为 MW/0.1Hz。

AGC 的第一个条目显示本地负荷和发电量的平衡情况。如果实际频率比理想频率高，则创建一个积极的术语，显示发电量过剩，反之亦然。同样，对于每个控制区域来说，第二条目显示从理想值到系统实际交换潮流值的误差。例如，如果针对一个区域，实际出口线性潮流量高于设定值，那么 ACE 会再次变为正数，显示在此区域发电量过剩。

AGC 通过最小化或者边界化 ACE 来实现其目标。需要注意的是，ACE 只考虑在前期时间周期和累积频率以及交换潮流不匹配的情况下，系统无视频率误差概貌的一种特定状态。这也创建了与积累频率和交换误差相关的一些其他问题，如图 7.3 所示。

如图 7.3 所示，当通过 AGC 控制频率误差和交换误差减小到零时，就会出现累积频率和交换误差。所有主系统所反馈的电气模块都以系统频率为基础。在图 7.3 中，时间误差是一个在频率误差曲线下的区域所反映的累计频率误差的函数。

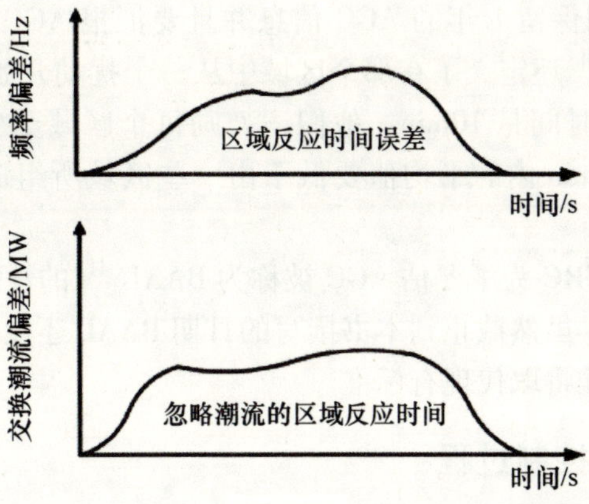

图 7.3　针对一个区域频率和交换潮流的误差

为了确保电气时钟所显示的时间是正确的，系统操作员应该纠正计划操作的累计时间误差。由频率偏差产生的时间误差可以通过式（7.2）计算得到。

$$\text{时间误差} = \int\left(\frac{f_{\text{Actual}} - f_{\text{Desired}}}{f_{\text{Desired}}}\right)\cdot \mathrm{d}t \tag{7.2}$$

其中，f_{Actual}和f_{Desired}单位为 Hz。

而时间误差调整到零不是通过 AGC 完成的，为完整起见，有时需要添加到 ACE 方程中，如式（7.3）：

$$\text{ACE} = -10\beta_{\text{f}}\cdot(f_{\text{Actual}} - f_{\text{Desired}}) + (T_{\text{Actual}} - T_{\text{Scheduled}}) + \beta_{\text{t}}(\text{时间误差}) \tag{7.3}$$

其中，β_{t}为 MW/s 中的时间误差偏差。

设定的和实际连锁电网之间的潮流累积偏差被称之为“无意潮流”，这需要由所涉及的公司进行财务方面的处理。例如在图 7.3 中，在内部交换曲线下面通过区域所反映的累积内部交换偏差显示了通过区域 1 所提供的附加能量。在一个周期的基础上，在互联的电力公司之间也存在对无意潮流的一个处理过程。

7.2.2　发电自动控制的 NERC 标准

在互联的北美系统[40]中针对 AGC 操作，NERC 已经建立了 CPS1 和 CPS2 两个标准。简单来讲，CPS1 反映了在一个正在平衡的区域中，频率变化 1min 时的平均值，当然这个区域是由不同平衡区域所组成的，整个互联系统被分割成相同平均值的一个正在平衡的区域。平衡区域是指负责其负荷发电平衡的一个独立区域。除了平均值是按每小时 6 个 10min 周期进行控制以外，CPS2 和 CPS1 是类似的。

两个标准都有一个电力公司去完成他们系统的一个最小值。换句话说，为了确保每一个电力公司提供其公平份额的监管，AGC 标准需要被落实到位。NERC

7.3 发电负荷平衡技术

NERC 要求每个系统或者平衡权力[40]具有一个高可靠性的 AGC 系统，这个系统具有高的可用性，而这里所说的 AGC 的可用性意味着一个时间百分比，也就是这个系统在进行带有至少几秒钟时间间隔（如 6s）AGC 测量服务时所具有的时间百分比（例如，至少 99.95% 的可用性），AGC 包括两个技术元素：

1）AGC 的应用；

2）AGC 的基础设施。

7.3.1 自动发电控制应用

1. 介绍

为了理解 AGC[42-45]的操作，首先需要了解自然系统频率响应和需要捕获频率变化作为系统条件变化的附加控制。当一个系统的负荷增加时，功率的不匹配最初是通过系统的动能进行补偿的，反过来这又导致了一个系统频率的下降。由于系统的负荷是一个频率的函数，因此系统所获得的负荷减少了，补偿的频率就下降了。然而，如图 7.2 所示发电机调速器的控制会增加发电量来限制频率的下降，调速器控制操作导致了一个稳态频率，它不同于参考的或者期望的频率。在调速器控制操作后，AGC 需要将频率恢复到原来的期望频率。

2. 调速器控制系统

如图 7.2 所示，每个发电机调速器控制系统都要测量系统频率，并且反馈发电机原动机控制频率的偏差去改变输入到发电机上的机械功率。因此如果频率低于同步频率 f_0，那么这个偏差就会导致发电机机械功率的增加。图 7.7 所示为一个典型调速器系统的速度功率特性。

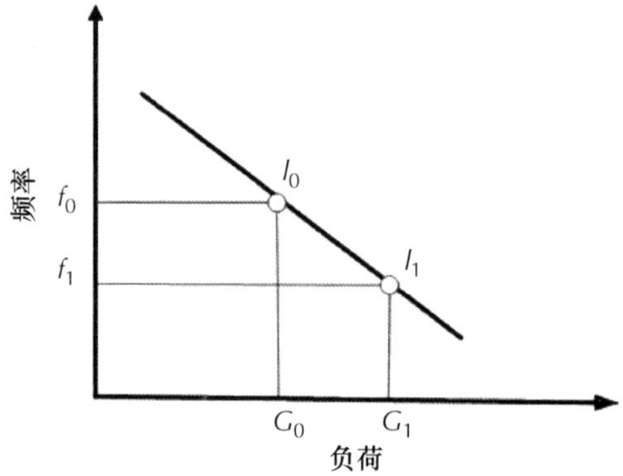

图 7.7 一个典型调速器系统的速度功率特性

这幅图显示了将系统频率变化对于发电量的响应作为调速器动作的结果。例如，在 I_0 点频率的误差是零，对应于带有零点调节的发电量和负荷之间的平衡。另一方面，在 I_1 点，(f_0-f_1）的频率偏差导致了（G_1-G_0）发电量的增加，换句话说，如果在发电量和负荷之间存在（$G_1 - G_0$）的一个不平衡，那么系统频率将下降到 f_1，其结果将导致调速器动作通过增加发电量到 G_1 来消除这种不平衡。

曲线的斜率被称为调速器下垂。

$$\text{调速器下垂} = -\frac{\Delta f}{\Delta G}(\text{Hz/MW}) \tag{7.4}$$

$$\text{p. u. 调速器下垂\%} = -\frac{\Delta f/f_0}{\Delta G/G_{\text{R}}} \tag{7.5}$$

其中，f_0 为额定频率，单位为 Hz；G_{R} 为额定发电量，单位为 MW。

下垂值越高，对于频率变化时发电量的响应越不敏感。由于所有系统的系统频率是恒定的，因此这种关系表明对于系统频率的一个变化 Δf，不同的发电机组反映出的是频率的变化与它们的调速器下垂成反比。

$$\frac{\Delta G_i}{G_{\text{R}}} = \frac{-(\Delta f/f_0)}{\text{GD}_i} \Rightarrow \Delta G_i = -(\Delta f)\frac{(G_{\text{R}}/f_0)}{\text{GD}_i} \tag{7.6}$$

其中，ΔG_i 和 GD_i 分别对应发电量的变化和第 i 台发电机调速器的下垂。在一个 n 个发电机系统中，总的发电量变化作为频率变化的结果将是

$$\text{总发电量变化(MV)} = \sum_{i=1}^{n} \Delta G_i = \sum_{i=1}^{n} -(\Delta f)\frac{(G_{\text{R}i/f_0})}{\text{GD}_i} \tag{7.7}$$

必须指出，作为频率变化的结果，系统负载也会由于负荷对于频率的敏感度而改变。由于频率的变化（Δf）所引起的系统总负荷的变化（ΔL）能够通过式（7.8）所获得。

$$\Delta L = D \cdot \Delta f \tag{7.8}$$

其中，ΔL_i 和 Δf 分别为负荷和频率变化值单位为 MW 和 Hz；D 为负荷频率变化因子，单位为 MW/Hz。结合式（7.7）和式（7.8），系统负荷发电不平衡方程能够被推导出

$$\text{总发电负荷变化} = \sum_{i=1}^{n} \Delta G_i - \Delta L_i = \sum_{i=1}^{n} -(\Delta f)\frac{(G_{\text{R}i}/f_0)}{\text{GD}_i} - D \cdot \Delta f \tag{7.9}$$

或者

$$\text{总发电负荷变化} = \sum_{i=1}^{n} \Delta G_i - \Delta L_i = -(\Delta f)\left[\sum_{i=1}^{n}\frac{(G_{\text{R}i}/f_0)}{\text{GD}_i} + D\right] \tag{7.10}$$

换句话说，由于频率的变化（Δf），通过所给的式（7.10）存在负荷和发电量两者之间的一个调整。

例如，如果存在三个机组，下垂标幺值分别为 1%，2% 和 5%，额定功率为 100，200 和 500MW，负荷变化因子为 200MW/Hz，则系统频率每减小 0.1Hz，总的发电负荷变化将按如下公式计算：

$$\text{总发电负荷响应} = [-(-0.1)(100/60)/0.01] + [-(-0.1)(200/60)/0.02]$$

$$+[-(-0.1)(500/60)/0.05]-(-0.1)(200)$$
$$=50+20=70\text{MW}$$

这个例子表明，由于0.1Hz频率的变化，系统发电量增加了50MW且负荷降低了20MW，制造了一个发电负荷为70MW的变化量。换一种方式来说，如果在系统中存在0.1Hz的下降频率，那么调速器的动作就会增加50MW的发电量来补偿系统发电量的亏损，并且负荷自然会减少20MW。

3. 互联操作

电力系统互联被放置在不同的系统以便能够完成以下功能：

1）执行电力交换并且享受在发电和负荷中的多样性带来的经济效益；

2）在故障时提供支持。

由于每个系统负荷和发电是实时变化的，因此对互联进行适当的控制是很重要的。这些控制当系统设法减小频率偏差时，确保不期望的线性潮流不显示。换句话说，每个系统都提供自身的频率校正份额，而无意影响另一个系统的发电和负荷的平衡。

4. AGC 的应用

自动发电软件被设计提供补充信号给称之为AGC发电机单元的一些机组去最小化ACE。这些补充信号提供给调速器系统和图7.2所示的恢复频率的调节单元，以及从调速器控制单元发出的替代发电增加量。生效的AGC软件使用系统的测量值，比如系统频率、设定的互联潮流及实际的互联潮流去建立ACE的数值。然后，它使用这个值来改变AGC机组发电量对于经济效益的比例。对于AGC存在三个不同操作模型：

1）平坦的频率；

2）平坦的联络线计划；

3）带有频率偏差的联络线。

平坦的频率模式使用的是孤立的系统，它只需考虑系统的频率，从而消除了ACE中与合同错误相关联的条款。如果存在多个不同AGC平坦频率控制的互联区域，而后根据每个区域AGC的响应，那么控制频率变化导致的发电量的最终份额将是不同的。假设存在多个带有AGC平坦频率偏差为β_{fi}的区域，然后每个区域份额都与它们的β_{fi}成正比，这表明在频率校正中区域i的响应。例如，假设在平坦频率模式下存在三个操作区域，它们的贡献因数分别为$\beta_{f1}=10$，$\beta_{f2}=20$，和$\beta_{f3}=30$。如果假设在系统中存在Δf的频率下降，则ACE在不同区域的值就会变成

区域1　$\text{ACE}=-10\Delta f$

区域2　$\text{ACE}=-20\Delta f$

区域3　$\text{ACE}=30\Delta f$

这些值显示当区域2的发电量响应是区域1的两倍时，区域3内的AGC发

电量响应将是区域 1 的 3 倍。

平坦联络线计划模式确保了期望计划的实现，因此从 ACE 中移除了频率条款。在这种模式下，系统频率误差将不被校正。考虑图 7.8 中两个区域系统的一件事，假设在区域 1 中存在 200MW 的负荷增量。由于在 ACE 中不存在频率控制偏差，因此区域 1 和区域 2 仅仅尝试去保持在 100MW 时的交换计划，而并不做任何由于负荷变化所引起的频率偏差校正的尝试。因此在这种情况下，在系统中将有一个自然的频率下降，其结果是调速器动作。

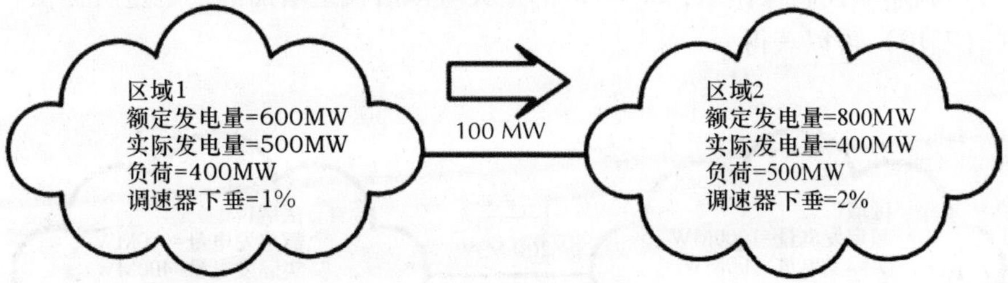

图 7.8　两区域系统

$$\text{总发电负荷变化} = 200 = -(\Delta f)\left[\sum_{i=1}^{n}\frac{(G_{R_i}/f_0)}{GD_i}\right]$$

$$200 = -(\Delta f)\left[\frac{(600/60)}{0.01}+\frac{(800/60)}{0.02}\right]$$

$$\Delta f = 0.12\text{Hz}$$

$$\text{区域 1 中增加的发电量} = (0.12)(600/60)/0.01 = 120\text{MW}$$

$$\text{区域 2 中增加的发电量} = (0.12)(800/60)/0.02 = 80\text{MW}$$

随着发电量增加调速器动作以后，交换潮流将不得不有 80MW - 100MW = -20MW的变化。换句话说，对于区域 1 的负荷增量，因为区域 2 目前发电量为 80MW，然后代替输入 100MW，所以它将输入 20MW 给区域 1。AGC 运行后，两区域都试图通过改变它们自身发电单元的发电量从区域 1 到区域 2 逆转回 100MW 的输出量。换句话说，区域 1 将增加它的发电量，而区域 2 减小发电量直到交换不匹配被解决。0.12Hz 的频率误差将不被校正。

最后，频率偏置模式的线性确保了期望频率和线性规划控制得以实现。

7.3.2　自动发电控制基础设施

AGC 软件归属于能量管理系统。SCADA 提供了测量信号的基础设施。EMS 形成了 ACE，对于不同的参与单元，EMS 使用经济因素针对 AGC 机组提供控制信号。然后 SCADA 展开对于 AGC 机组的控制。

7.3.3 关于 AGC 操作的例子

例 7.1 假设在图 7.9 的区域 1 中存在 200MW 的负荷增量。操作后情况如何?

1）调速器控制；

2）带有线性和频率偏差的 AGC 控制；

3）带有平坦频率的 AGC 控制。

结论

1）调速器控制操作后，200MW 的损失应该由机组增加的发电量所提供。使用式（7.10）可以获得

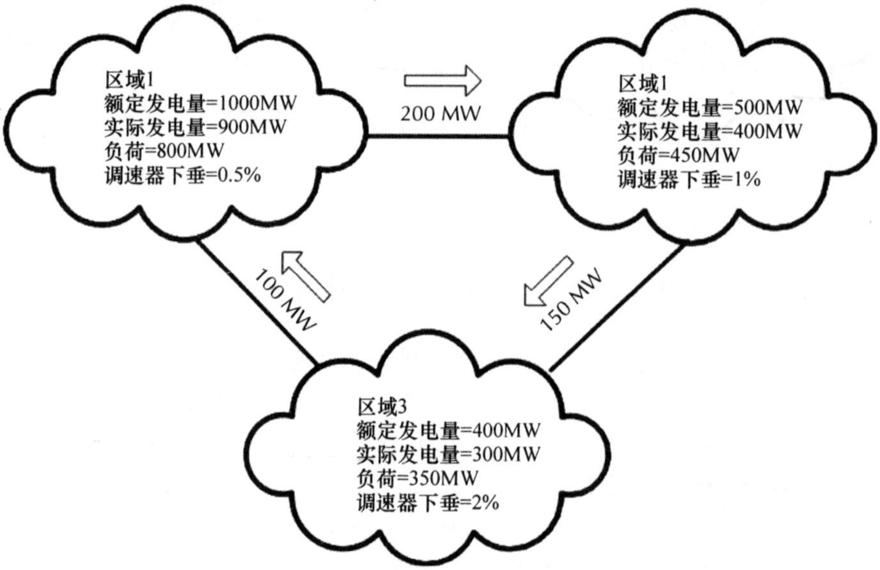

图 7.9 3 区域系统的 AGC 例证

$$200 = \sum_{i=1}^{n} \Delta G_i = \sum_{i=1}^{n} -(\Delta f)\frac{(G_{Ri}/f_0)}{GD_i}$$

$$200 = \sum_{i=1}^{3} \Delta G_i = -\Delta f\left(\frac{(G_{Ri}/f_0)}{GD_i} + \frac{(G_{R2}/f_0)}{GD_2} + \frac{(G_{R3}/f_0)}{GD_3}\right)$$

$$200 = -\Delta f\left(\frac{(1000/60)}{0.005} + \frac{(500/60)}{0.01} + \frac{(400/60)}{0.02}\right)$$

$$\Delta f = \frac{-200}{[(1000/60)/0.005 + (500/60)/0.01 + (400/60)/0.02]}$$

$$\Delta f = -0.04444\text{Hz}$$

区域 1 中增加的发电量 = -（0.04444）(1000/60)/0.005 = 148.15MW

区域 2 中增加的发电量 = -（0.04444）(500/60)/0.01 = 37.04MW

区域 3 中增加的发电量 = -（0.04444）(400/60)/0.02 = 14.81MW

2）AGC 系统操作后，区域 1 中的发电量将增加 200MW，从而消除了频率偏差并且在原始值上保持区域 2 和区域 3 的交换。在区域 2 和区域 3 中发电量和负荷将不存在变化。

例 7.2　假设一个区域有 3 台发电机在 AGC 的控制之下，经济因素分别为 0.1，0.3 和 0.6。使用这些经济因素是为了确保在一个区域中不同机组的 AGC 发电量调配是以经济的方式被实现的。关于系统的附加信息给出如下：

实际的互联潮流 = 1000MW

设定的互联潮流 = 1200MW

实际频率 = 59.5Hz

$\beta_f = -100$ （MW/0.1Hz）

结论

利用式（7.1），可得

$$\text{ACE} = -10\times(-100)\times(59.5-60)+(1000-12000)$$

$$\text{ACE} = -500+(-200) = -700$$

因此所需总的发电量增量为 700MW。

发电机 1 增加的发电量 = 700 × (0.1)/(0.1 + 0.3 + 0.6) = 70MW

发电机 2 增加的发电量 = 700 × (0.3)/(0.1 + 0.3 + 0.6) = 210MW

发电机 3 增加的发电量 = 700 × (0.6)/(0.1 + 0.3 + 0.6) = 420MW

问题和难点

7.1　在发电量和负荷平衡的时间范围内列出 4 种不同的时间框架。

7.2　AGC 以及它的目标是什么？

7.3　列出 5 种基于 AGC 的系统操作原理。

7.4　针对 AGC 列出 3 种不同的操作模式。

7.5　如果存在 4 台机组，额定功率分别为 200，300，600 和 800MW，下垂的标幺值为 1%，2%，3% 和 4%，并且总的负荷频率变化因子 D 为 200Hz/MW，那么当系统频率发生 0.2Hz 的变化时，总的发电量变化多少？

7.6　假设在图 7.10 的区域 1 中存在 200MW 的负荷增量，操作后情况如何？

1）调速器控制；

2）带有潮流交换和频率偏差的 AGC 控制；

3）带有平坦频率偏置的 AGC 控制。

7.7　假设在图 7.11 的区域 2 中存在 100MW 负荷的增量，操作后情况如何？

1）调速器控制；

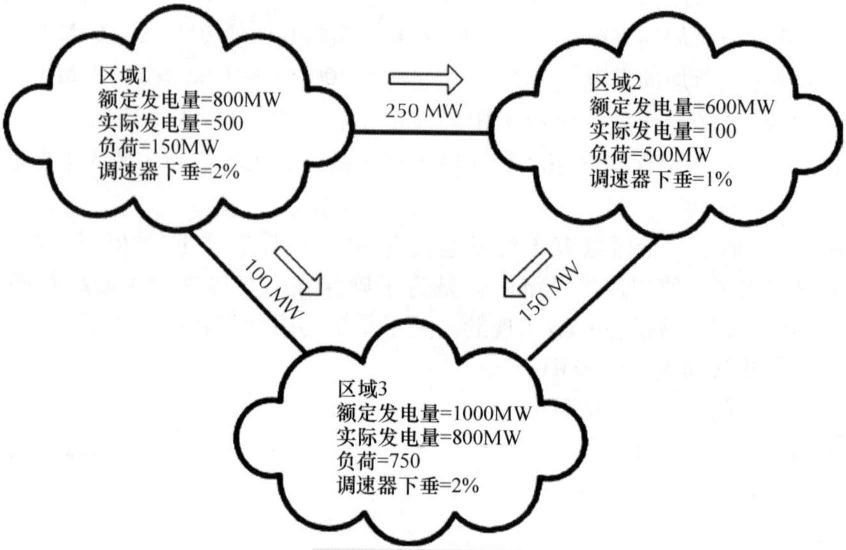

图 7.10　3 区域系统

2）带有潮流交换和频率偏差的 AGC 控制；

3）在区域 3 中仅带有频率控制的 AGC；

4）针对不同区域假设频率偏差因子分别为 $\beta_{f1}=10$，$\beta_{f2}=20$，$\beta_{f3}=30$，$\beta_{f4}=40$。在所有区域中都带有频率控制和 AGC 控制，由此得到不同区域中的发电量增量将如何？

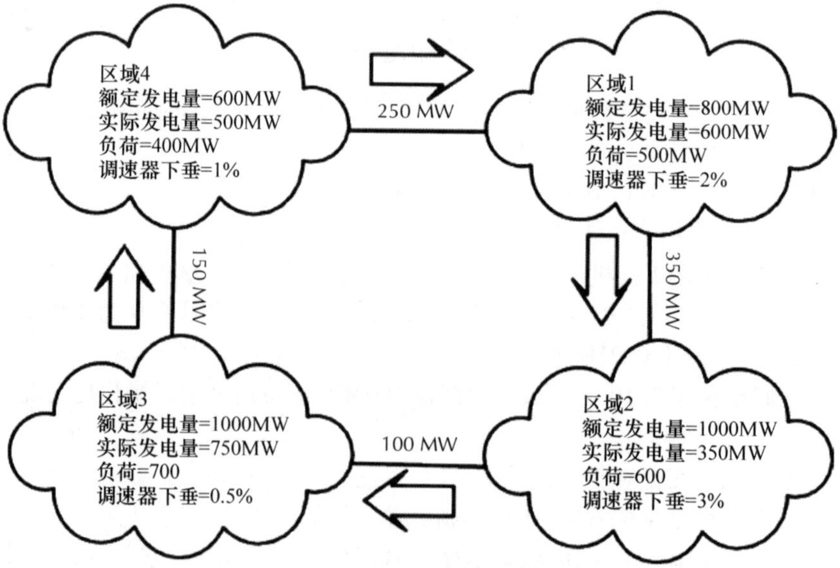

图 7.11　4 区域系统

第 8 章

电力系统运行优化

8.1　关于电力系统实践优化操作员问题

电力系统实践的主要目标：

1）安全性；

2）可靠性；

3）效率。

在将安全性和可靠性定为首要目标的同时，效率也很重要。在执行可靠性和安全性要求的同时，效率意味着使用过程的优化。与其他目标相似，效率适用于电力系统操作的所有环节，如输电系统操作、配电系统操作和发电系统操作。发电操作优化的主要应用是发电负荷的充分性。操作员需要确保他们有足够的资源以可靠和经济的方式来操作系统。在此背景下，操作员可能会问以下问题：

1）可以选择一个发电厂进行维修吗?

2）在接下来的几个月里应该对运行的发电厂做哪些准备?

3）基于可靠性的原因，什么样的单元在服务中应该被保留?

4）系统应该有多少个备份?

5）为了更接近实时操作，什么样的发电厂或发电单元应该保持在线并且每一个发电单元发电量多少?

6）以每分钟为基点，实时操作时负荷和发电量能平衡吗?

在输电和配电操作中优化的其他应用包括：

1）输电损耗的最小化；

2）在正常和故障情况下电压违规的补救措施；

3）节能配电电压的无功优化；

4）处理电压违规的配电网重构；

5）输电和配电恢复。

由于电力系统发电操作的优化应用构成了电力系统优化最显著的因素，因此本章将平衡讨论发电操作的优化应用。然而，本章中讨论的概念是通用的并且适用于输电和配电领域中的其他部分。

8.2 电力系统发电操作过程

8.2.1 简介

电力公司需要计划和操作它们的系统去确保提供负荷。确保负荷和发电平衡的规则由 4 个不同的时间框架组成，如图 8.1 所示。

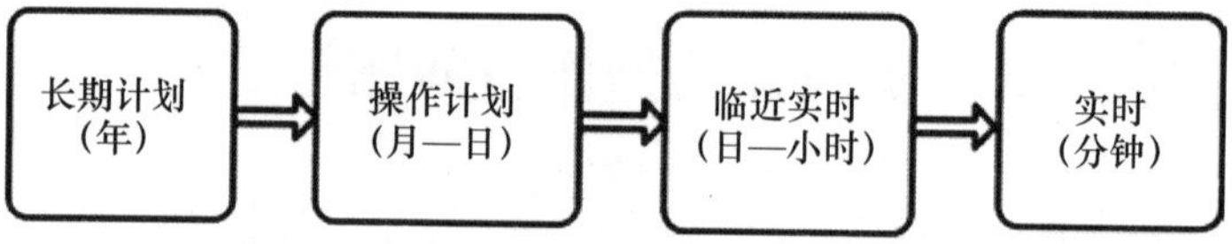

图 8.1 不同时间范围内的发电充分性

长期的规划确保了最优发电组合能够被更好地计划、投资和及时地开发，以便能够提供未来负荷的需要。操作计划涉及处理在未来几个月内需要维修的输电和发电的变化。操作计划还包括单元承诺的功能，其中涉及在未来几天或者几个月内在线提供负荷单元的最优选择问题。根据它们的类型，发电厂需要不同的上线运行准备时间。尽管核电站需要数月准备时间，但液压系统只需一天左右时间就可以上线。在一天或者几小时内针对于实际操作，临近实时操作处理选择最经济的发电组合（机组组合）和设置机组最优点（电力系统经济调度）的方式向负荷供电。最终，实时操作在几分钟内处理实际操作的准备工作。

本章涵盖了操作员的问题和与操作规划时间框架相关的过程，以及临近实时系统。在实时时间框架中的发电负荷平衡在第 7 章中已有所介绍。

8.2.2 电力公司模型

直到 20 年前，世界上有的电力公司出现了一种纵向整合电力公司模型。在过去 20 年间，为了提高竞争力和效率，世界上许多电力公司已经通过分拆它们的功能，进而重构了他们的模型。

1. 传统纵向整合电力公司模型

在此模型中，电力公司执行电力系统从发电、输电和配电到客户终端所有方式的全部功能。电力公司拥有所有资源并进行系统的操作和维护。电力公司将不得不以安全、可靠和高效的方式为负荷提供发电和输电支持。

2. 重组电力公司模型

为了创造竞争力和效率，电力公司的重组开始于 18 世纪 90 年代初[46,47]。这致使纵向整合电力公司分拆成许多部分，在发电和输电系统中创造了竞争力。重组系统的 4 个主要特点是：

（1）独立系统操作员（Independent System Operator，ISO）操作系统并且提供无差别的输电服务。

（2）为了交换能量能够调度到 ISO 区域的外部，输电市场由 ISO 来进行管理。可用的连接容量被计算并且发布了一个名为开放存取实时信息系统（Open Access Same time Information System，OASIS）的输电预约系统。然后为了输电预约，OASIS 能够被一些想通过关联从其他地区调配电力的公司所访问。

（3）能源市场提供了一个开放、透明的能源市场。日前的市场为系统提供了一个机会去实施充足的发电机组，并且为供电商提供了稳定的资金支持，而实时市场迎合了日前市场的偏差和失衡。

（4）辅助服务市场为辅助服务业务提供了一个开放、透明的市场。这个市场仅仅发生在实时时间框架内。如图 8.2 所示，在这个重组后的市场中，系统操作员管理着输电市场；能源市场的管理可以由系统操作员或者其他公司来管理。

3. 当前纵向整合电力公司

在这个时间点上，至少在北美电力公司重组有两种方式：

1）完全重组；

2）带有纵向整合电力公司模型的重组。

以加州为例，已经采用完全重组。许多加拿大的省份，如不列颠哥伦比亚省，已采取充分的重组，来确保它们可以提供给其他公司无差别的输电服务。在这些电力公司中结构和流程的变化包括：

1）创建独立的发电、输电和操作功能；

2）发电操作决定由发电部门产生；

3）由于使用网络，流程落实到了独立发电机的连接部位；

4）连锁电力网容量被计算并且公布在 OASIS 上，以便它能够在先来先服务的基础上被任何公司所预约。

事实上，如图 8.3 所示电力公司结构被修改，以便有一个独立的系统操作员操作所述系统和管理输电市场。该电力公司的能量函数与其他能源供应商在市场营销中竞争，并且协调它们的发电量。该电力公司可以设置一个单独的能源营销部门，该部门在给系统提供和调度能源方面，可以和其他的能源供应商以及潜在的能源营销人员相竞争。

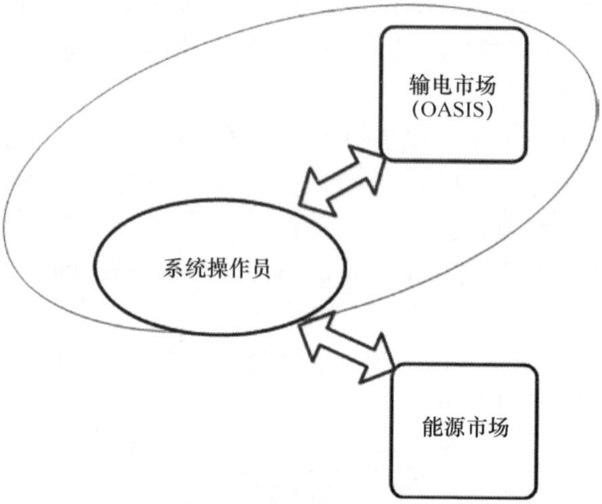

图 8.2　在重组模型中的功能实体

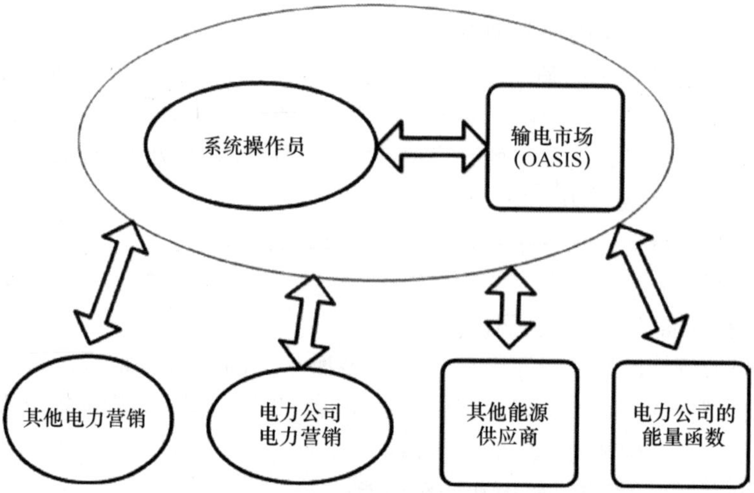

图 8.3　在重组纵向整合电力公司中的功能实体

8.3　发电充分性流程

无论电力公司模型如何，发电充分性的目标和流程是相似的，因为它们专注于确保在不同的时间框架下为可靠的操作系统提供充足的发电量。在以下章节将会阐述这些流程。

8.3.1　操作计划的发电充分性流程

操作计划给出了一个系统操作的长远布局。操作计划的目的是为了有足够的能源在未来几个月内供负荷利用。操作计划要考虑输电和发电故障，以及负荷预测误差。出于这个原因，将不同的标准用于确保发电的充足。这里有不同的方法来确保充足的储备：

1）模拟预测的峰值负荷条件下的故障分析，其中要考虑（$n-1$）个输电和发电故障；

2）使用规划的储备标准，如

① 最大的发电系统装置；

② 在 10 年内一天的负荷损失导致 18% 的峰值负荷损失的概率[47]。

在重构的电力公司模型中，这个过程存在的主要原因之一，是要建立鼓励能源供应商投资和要求资源消减的经济条件。有人认为，后实时市场和实时市场只考虑供应商的短期边际成本，并不能反映他们的总成本。但是，这个过程对于鼓励能源供应商作出充分的长期投资是必要的。

操作计划的另一方面是确保可以在适当的时间内被调度的能源储备。有三种不同类型的储备[48]。

1）调节储备：这些单元包括每 2 ~6s 在线快速动作的可调度的发电机。

2）快速储备：这些单元应该在 10min 内提供；包括在线飞轮单元或者是快速的非飞轮但能够快速上线的单元。

3）慢速储备：这些单元包括在 30min 内提供在线的单元。

8.3.2　近似实时系统的发电充分性流程

近似实时时间架构能在一天或几小时内，在选择最经济的发电组合（机组起停）和在提供实际操作负荷时对机组设置最佳点（电力系统经济调度）方面执行必要的修改。

近似实时过程为姿态系统提供了更多的时间来确保能源充足和系统的可靠性。近似实时过程具有一个从许多小时到几天的时间架构。在此期间，操作员要考虑开始时间和实时供应负荷的发电机的变化速率。

操作员还应该确保他们部署的调节储备、慢速储备及快速储备在实时操作时也能满足单元对于储备的要求。

在重构的电力公司模型中[47,48]，通常提供对能源和辅助服务的超前一天的市场预期。在超前一天的市场中，24h 的价格和发电的时间规划是按照图 8.4 所示的每个阶段的时间轴从前一天午夜 18 ~24h 所公布数据进行计算的。例如 11 月 4 日所公布的 24h 价格和发电时间规划是 11 月 3 日下午 6:00 至上午 11:59 之

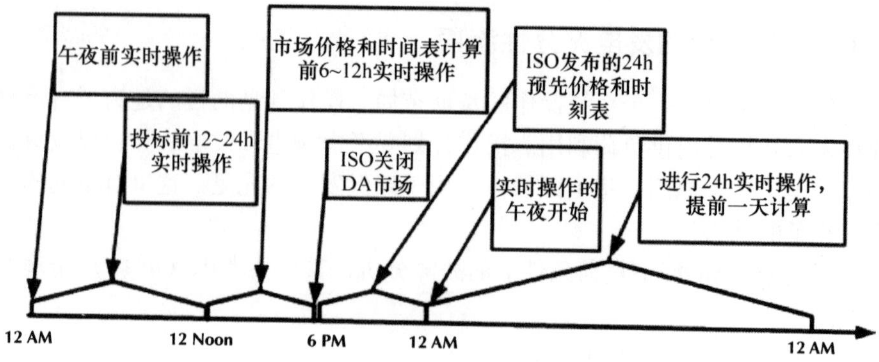

图8.4　超前一天的市场时间表

间的数据。在一个重组的纵向整合电力公司中，每小时发电调度是由电力公司的发电集团以及所有第二天给操作员数据的发电企业所提供的。

8.3.3　实时系统的发电充分性流程

实时过程为操作员修改近似实时时间规划和姿态系统，从而为确保能源供应充足和系统可靠性提供了机会。实时时间架构可以确保最佳的时间规划，考虑预期的实时操作负荷、交易时间表、输电限制以及储备的充分性。

例如，在这个重组的电力公司模型中，通常存在针对能源和辅助服务的短至5~10min的时间间隔，以及一个1~3h的较短期预测水平的实时市场。

在重组纵向整合电力公司模型中，操作员使用最经济的发电规划，以最大限度地降低使用成本，同时满足储备要求和输电限制。

8.4　发电充分性技术

不管电力公司的模型如何，发电充分性过程都使用一个通用的优化引擎为电力系统开发所谓的“最优潮流”（Optimal Power Flow，OPF）。OPF形成基本的电力和辅助服务市场引擎，以及传统的发电组合优化方案。

发电充分性技术包括两个技术元素：

1）发电充分性应用；

2）发电充分性的基础设施。

8.4.1　发电充分性应用

OPF技术形成求解约束条件下，电力系统暂态最优操作的通用数学工具，满足操作的可行性和安全性要求[49]。

这些工具在处理各种优化问题时使用，例如：

1）发电机组合；

2）发电量分配；

3）电压无功分配；

4）网损最小化；

5）发电计划；

6）发电成本；

7）输电计划；

8）无功规划；

9）恢复供电方案确定。

图 8.5 所示为 EMS 的电压无功分配和网损最小化演示，可以为需要采取措施消除电压偏差和减少网损的操作员提供建议。例如，该图表明，ING 2RX2 应该被放置在对无功有 -132.2 影响的服务中。与之对应，最后一栏显示该控制动作相对于电压变化和损耗减少的灵敏度。此应用的另一个显示如图 8.6 所示。显示的放大部分表明 ING 变电站的最优电压值为推荐的 532.2kV，电抗器 R12X4 应该退出服务。该图表明，与电压违规相关的目标函数灵敏度为零，因为电压没有越限，而与系统损耗相关的目标函数灵敏度为 3.6。

所有的 OPF 方法都是基于通用的优化原则和技术的[50]。任何静态优化过程

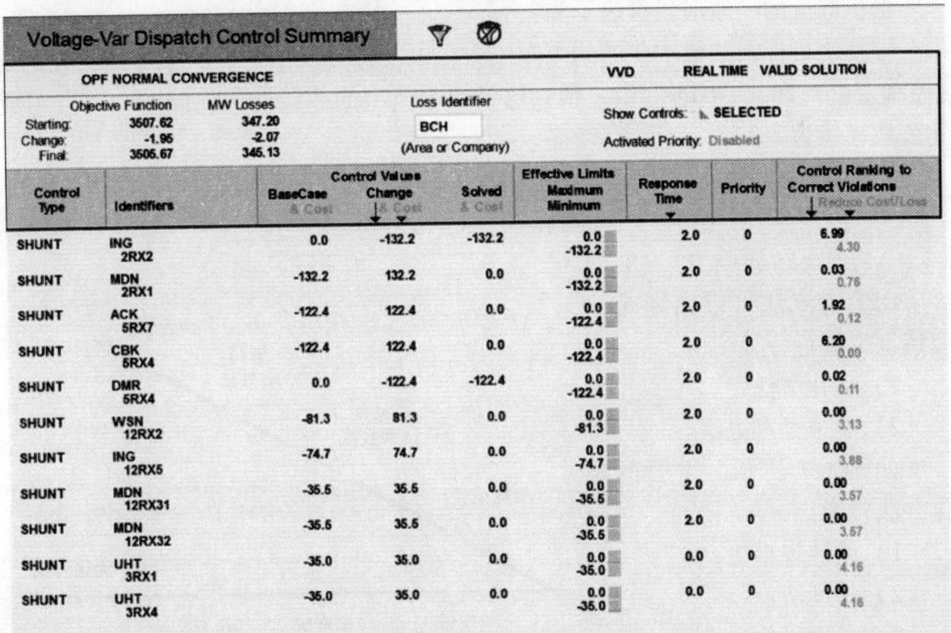

Voltage-Var Dispatch Control Summary

OPF NORMAL CONVERGENCE　VVD　REALTIME　VALID SOLUTION

	Objective Function	MW Losses
Starting:	3507.62	347.20
Change:	-1.95	-2.07
Final:	3505.67	345.13

Loss Identifier: BCH (Area or Company)

Show Controls: SELECTED

Activated Priority: Disabled

Control Type	Identifiers	Control Values BaseCase & Cost	Change & Cost	Solved & Cost	Effective Limits Maximum Minimum	Response Time	Priority	Control Ranking to Correct Violations Reduce Cost/Loss
SHUNT	ING 2RX2	0.0	-132.2	-132.2	0.0 -132.2	2.0	0	6.99 4.30
SHUNT	MDN 2RX1	-132.2	132.2	0.0	0.0 -132.2	2.0	0	0.03 0.76
SHUNT	ACK 5RX7	-122.4	122.4	0.0	0.0 -122.4	2.0	0	1.92 0.12
SHUNT	CBK 5RX4	-122.4	122.4	0.0	0.0 -122.4	2.0	0	6.20 0.00
SHUNT	DMR 5RX4	0.0	-122.4	-122.4	0.0 -122.4	2.0	0	0.02 0.11
SHUNT	WSN 12RX2	-81.3	81.3	0.0	0.0 -81.3	2.0	0	0.00 3.13
SHUNT	ING 12RX5	-74.7	74.7	0.0	0.0 -74.7	2.0	0	0.00 3.88
SHUNT	MDN 12RX31	-35.5	35.5	0.0	0.0 -35.5	2.0	0	0.00 3.67
SHUNT	MDN 12RX32	-35.5	35.5	0.0	0.0 -35.5	2.0	0	0.00 3.67
SHUNT	UHT 3RX1	-35.0	35.0	0.0	0.0 -35.0	0.0	0	0.00 4.16
SHUNT	UHT 3RX4	-35.0	35.0	0.0	0.0 -35.0	0.0	0	0.00 4.16

图 8.5　在 BC Hydro 的电压无功优化显示

的三个主要部分是：

1）最小化的搜寻方法；

2）处理等式约束的方法；

3）处理不等式约束的方法。

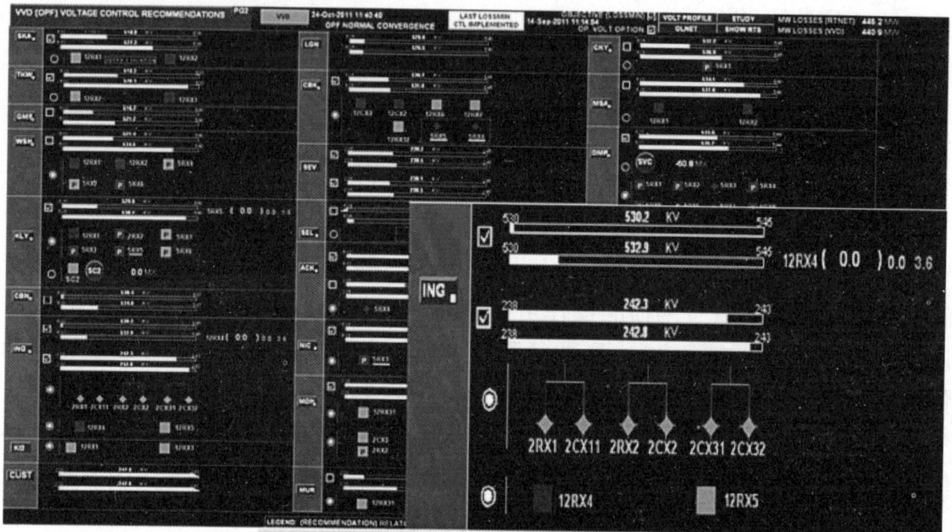

图 8.6　在 BC Hydro 的电压无功优化显示

最优潮流的一般形式可表示为：

寻找使目标函数最小化的约束潮流方程以及符号操作安全的不等式约束的 u（控制变量）和 x（状态变量）值。这是一个典型的非线性优化问题，可以用数学公式描述为

$$\text{最小化} f(u,x) \tag{8.1}$$

$$\text{使其满足 } h(u,x)=0 \tag{8.2}$$

$$\text{及 } g(u,x)\leqslant 0 \tag{8.3}$$

OPF 潮流法可以由两个主要特征来进行分类[51]：

1）优化方法；

2）约束处理方法。

如图 8.7 所示，主要的优化方法包括：

1）线性规划法；

2）梯度法；

3）二次优化法。

主要的约束处理方法包括：

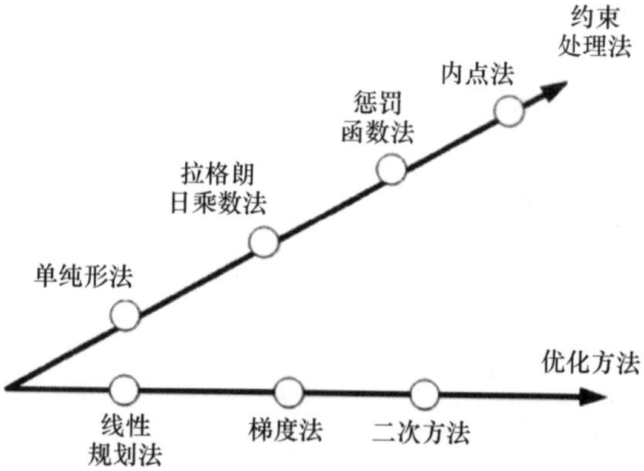

图 8.7　OPF 法

1）单纯形法；

2）拉格朗日乘数法；

3）二次乘数法；

4）内点法。

尽管不是所有的优化方法和约束处理方法的组合都是有效的，但这种分类提供了一个区分不同优化方法的良好途径。

1. 最优潮流优化技术

本节将描述不同的优化技术。一般而言，OPF 技术属于以下类别：

1）线性编程技术；

2）梯度技术；

3）二次技术。

这些方法将在下面详细讨论。影响优化算法的另一个因素是处理等式和不等式约束条件的方法。这个问题在后面也将得到解决。

2. 线性规划技术

非线性优化 OPF 问题可以先将其线性化，然后将其转化为线性优化问题，进而能够用线性规划技术解决。以一种快速和可靠的方法得到结果[52,53]，使得它成为一个非常合适的方法，因为在应用中可靠性和快速的周转时间是至关重要的。

线性规划法，由乔治－丹齐格（George Dantzig）在 1951 发明，一般可以写为

$$\text{最小化} f(u,x)=a_1x_1+a_2x_2+\cdots a_nx_n \tag{8.4}$$

$$\text{使其满足 } g_i(u,x)=b_{i1}x_1+b_{i2}x_2+\cdots b_{in}x_n \tag{8.5}$$

$$\text{及 } h_i(u,x)=c_{i1}x_1+c_{i2}x_2+\cdots c_{im}x_m\geqslant 0 \tag{8.6}$$

在线性规划问题的解决方案中，第一步是通过引入人为变量 s 到不等式方程的方式创建一个辅助问题，把它们变成如下所示等式：

$$h_i(u,x)=c_{i1}x_1+c_{i2}x_2+\cdots c_{im}x_m+s_i=0 \tag{8.7}$$

其中，x_i 与 s_i 均≥0。

这种方法可以概括为划分等式和不等式约束变量，将其值作为基本量（随机变化）或非基本量（有固定的极限值）。在优化过程中，基本量和非基本量的矩阵是不断更新的。

传统的单纯形法的计算步骤可以概括为：

1）选取所有 x_i 变量为非基本变量，赋初值为零。

2）选取所有 s_i 变量为基本变量，给它们赋不同的值从而转换不等式约束条件为等式约束。

3）尝试去改变一个 x_i 变量的值，使其从零变为另一个值来最小化目标函数 $f(u,x)$，然后用非基本变量 s_i 替换它。

4）选择影响最大的 x_i（例如，最小化或最大化目标函数时的影响）。

5）选择第一次接近于零的基本变量。这可以通过保持约束方程中唯一的 x_i 变量来实现，这里 x_i 变量是我们要替换和使用从其他 x_i 变量所获得的实际值。所有的 s_i 变量也被保留。接着令 s_i 变量为零，从而获取 x_i 的值。对应最高 x_i 值的 s_i 将被选择用于替换。

6）依据 s_i 变为零可以写出目标函数。

7）继续，直到没有进一步减少的可能。

例 8.1 用单纯形法最小化以下函数：

$$f(x) = -x_1 - 1.5x_2 - x_3$$

使其满足

$$4x_1 - 2x_2 + x_3 \leqslant 5$$
$$2x_1 + 3x_2 - 8x_3 \leqslant 2.5$$
$$1.5x_1 + 4x_2 + 3x_3 \leqslant 7$$

解法

先通过引入基本变量 s_1，s_2 和 s_3 来写出等式约束条件。注意，所有非基本量和基本量均为正。

迭代 1

$$\begin{aligned} s_1 &: 4x_1 - 2x_2 + x_3 + s_1 = 5 \\ s_2 &: 2x_1 + 3x_2 - 8x_3 + s_2 = 2.5 \\ s_3 &: 1.5x_1 + 4x_2 + 3x_3 + s_3 = 7 \\ \pi &= -x_1 - 1.5x_2 - x_3 \end{aligned} \tag{8.8}$$

x_2 对目标函数影响最大，因为在目标方程中它具有最大的负系数。因此要设置式（8.8）中除了 x_2 的每一个变量，同时注意等式中的基本变量。

$$\begin{aligned} s_1 &: -2x_2 = 5 \rightarrow x_3 = -2.5 \\ s_2 &: 3x_2 = 2.5 \rightarrow x_3 = 0.8333 \\ s_3 &: 4x_2 = 7 \rightarrow x_3 = 1.75 \\ \pi &= -1.5x_3 \end{aligned} \tag{8.9}$$

当基本量减小到零且标记松弛变量为 s_2 时寻找最小非负量 x_3。现在方程求解式（8.8）中的 x_2。

$$\begin{aligned} s_2 &: x_1 + 3x_2 - 8x_3 + s_2 = 2.5 \\ 3x_2 &= -x_1 + 8x_3 - s_2 + 2.5 \\ x_2 &= -0.6667x_1 + 2.6667x_3 - 0.3333s_2 + 0.8333 \end{aligned} \tag{8.10}$$

将式（8.10）中 x_2 的值带入式（8.8）得

$$
\begin{aligned}
&s_1: 4x_1 - 2(-0.6667x_1 + 2.6667x_3 - 0.3333s_2 + 0.8333) + x_3 + s_1 = 5\\
&x_2: 0.6667x_1 + x_2 - 2.6667x_3 + 0.3333s_2 = 0.8333\\
&s_3: 1.5x_1 + 4(-0.6667x_1 + 2.6667x_3 - 0.3333s_2 + 0.8333) + 3x_3 + s_3 = 7\\
&\pi = -x_1 - 1.5(-0.6667x_1 + 2.6667x_3 - 0.3333s_2 + 0.8333) - x_3
\end{aligned}
\tag{8.11}
$$

化简式（8.11）得

$$
\begin{aligned}
&s_1: 5.3333x_1 - 4.3333x_3 + 0.6667s_2 + s_1 = 6.7777\\
&x_2: 0.6667x_1 + x_2 - 2.6667x_3 + 0.3333s_2 = 0.83333\\
&s_3: -1.167x_1 + 13.67x_3 - 1.3333s_2 + s_3 = 3.667\\
&\pi = -5x_3 + 0.5s_2 - 1.25
\end{aligned}
\tag{8.12}
$$

迭代 2

x_3 对目标函数影响最大，因为在目标方程中它有最大的负系数。因此设定式（8.12）中除了 x_3 的每一个非基本变量的值为零。

$$
\begin{aligned}
&s_1: -4.3333x_3 = 6.7777 \to x_3 = -1.5641\\
&x_2: -2.6667x_3 = 0.8333 \to x_3 = -0.3125\\
&s_3: 13.67x_3 = 3.667 \to x_3 = 0.23825\\
&\pi = -5x_3
\end{aligned}
\tag{8.13}
$$

发现最小非负量 x_3 并标记松弛变量 s_3。现在以 s_3 替代 x_3 重写式（8.12）。

$$
\begin{aligned}
&s_3: -1.167x_1 + 13.67x_3 - 1.3333s_2 + s_3 = 3.667\\
&s_3: 13.67x_3 = 1.167x_1 + 1.3333s_2 - s_3 + 3.667\\
&s_3: x_3 = 0.08637x_1 + 0.09756s_2 - 0.07317s_3 + 0.26823
\end{aligned}
\tag{8.14}
$$

将式（8.14）带入式（8.12）得

$$
\begin{aligned}
&s_1: 5.3333x_1 - 4.3333(0.08637x_1 + 0.09756s_2 - 0.07317s_3 + 0.26823)\\
&\quad + 0.6667s_2 + s_1 = 6.7777\\
&x_2: 0.6667x_1 + x_2 - 2.6667(0.08637x_1 + 0.09756s_2 - 0.07317s_3 + 0.26823)\\
&\quad + 0.3333s_2 = 0.8333\\
&x_3: -0.08637x_1 + x_3 - 0.09756s_2 - 0.07317s_3 = 0.26823\\
&\pi = -5(0.08637x_1 + 0.09756s_2 - 0.07317s_3 + 0.26823) + 0.5s_2 - 1.25
\end{aligned}
\tag{8.15}
$$

化简式（8.15）得

$$
\begin{aligned}
&s_1: 4.963x_1 + s_1 + 0.2439s_2 + 0.3171s_3 = 7.829\\
&x_2: 0.439x_1 + x_2 + 0.07317s_2 + 0.1951s_3 = 0.8333\\
&x_3: -0.08637x_1 + x_3 - 0.09756s_2 - 0.07317s_3 = 0.26823\\
&\pi = -0.4268x_1 + 0.0122s_2 + 0.3659s_3 - 2.591
\end{aligned}
\tag{8.16}
$$

迭代 3

x_1 对目标函数影响最大，因为在目标方程中它有最大的负系数。因此设定式（8.16）中除了 x_1 的每一个变量的值并标记等式中的松弛变量。

$$
\begin{aligned}
&s_1: 4.963x_1 = 7.829 \rightarrow x_1 = 1.5775 \\
&x_2: 0.439x_1 = 0.8333 \rightarrow x_1 = 1.898 \\
&x_3: -0.08637x_1 = 0.26823 \rightarrow x_1 = -3.1056 \\
&\pi = -0.4268x_1
\end{aligned}
\tag{8.17}
$$

发现最小非负量 x_1 并标记松弛变量 s_1。现在算得式（8.23）中的 x_1。

$$
\begin{aligned}
&s_1: 4.963x_1 + s_1 + 0.2439s_2 + 0.3171s_3 = 7.829 \\
&s_1: 4.963x_1 = -s_1 - 0.2439s_2 - 0.3171s_3 + 7.829 \\
&s_1: x_1 = -0.2015s_1 - 0.04914s_2 - 0.06388s_3 + 1.577
\end{aligned}
\tag{8.18}
$$

将式（8.18）带入式（8.16）得

$$
\begin{aligned}
&x_1: x_1 + 0.2015s_1 + 0.04914s_2 + 0.06388s_3 = 1.577 \\
&x_2: 0.439(-0.2015s_1 - 0.04914s_2 - 0.06388s_3 + 1.577) \\
&\quad + x_2 + 0.07317s_2 + 0.1951s_3 = 0.8333 \\
&x_3: -0.08637(-0.2015s_1 - 0.04914s_2 - 0.06388s_3 + 1.577) \\
&\quad + x_3 - 0.09756s_2 - 0.07317s_3 = 0.26823 \\
&\pi = -0.4268(-0.2015s_1 - 0.04914s_2 - 0.06388s_3 + 1.577) \\
&\quad + 0.0122s_2 + 0.3659s_3 - 2.591
\end{aligned}
\tag{8.19}
$$

化简式（8.19）得

$$
\begin{aligned}
&x_1: x_1 + 0.2015s_1 + 0.04914s_2 + 0.06388s_3 = 1.577 \\
&x_2: x_2 - 0.08845s_1 + 0.0516s_2 + 0.1671s_3 = 0.8563 \\
&x_3: x_3 + 0.172s_1 - 0.0933s_2 + 0.07862s_3 = 0.4029 \\
&\pi = 0.086s_1 + 0.03317s_2 + 0.3931s_3 - 3.265
\end{aligned}
\tag{8.20}
$$

到此还有进一步减小的可能性；因此，x_1，x_2，x_3 是基本变量且值为

$$x_1 = 1.577,\ x_2 = 0.8563,\ x_3 = 0.4029 \ \therefore \pi = -3.265$$

3. 梯度技术

梯度技术[50,54]的基本原理是将目标函数的梯度表达为一个有独立变量的函数。对于每个变量，其变化方向被定义为梯度减小的相反方向。如果这个变化方向是一个零向量，则达到最优；否则，继续变化直到目标函数减小且满足新的约束。经过大规模的应用发现这些方法本质上并不低效。

梯度法可以通过 $f(x)$ 在点 x_0 的泰勒展开式导出。

$$f(x) = f(x_0) + (x - x_0)f'(x_0) + (1/2)(x - x_0)^2 f''(x_0) + \cdots \tag{8.21}$$

在只考虑前两项的情况下，得到

$$f(x)=f(x_0)+(x-x_0)f'(x_0) \tag{8.22}$$

梯度法的概念建立在这样的基础上，即 $f(x)$ 在 x_0点的导数方向上的增量。因此，梯度法基于这样的概念来进行操作，即为了最小化函数需要向梯度向量的负方向移动。

$$x=x_0-\alpha f'(x_0) \tag{8.23}$$

其中，α 是一个加速因子；$f'(x_0)$ 是函数的梯度，当 x 是一个向量时它也被称为"雅可比"。该方法是不断迭代，直到其梯度小于阈值。

有两种途径来实现这一方法：

1）α 采用恒定值。

2）每一次迭代获取一个最优值 α。在这种方法中，x 和 $f(x)$ 是一个关于 α 的函数。然后，得到一个最优的最小化 α 和最小化 $f(x)$ 以达到最优。

这两个方法可以用以下例子来展示。

例 8.2　用梯度法最小化 $y=x^2$，起始点为（1，1）。

方法 1：恒定的加速因子

首先，计算 y 的梯度

$$y'=2x$$

然后计算 x 的修正值

$$\Delta x=-\alpha\frac{\mathrm{d}f}{\mathrm{d}x}$$

首先要确保使用了一个常量 α，如 α = 0.4。然后得到修正值如下：

$$\Delta x(1)=-0.8, x_1=0.2$$

$$\Delta x(2)=-0.16, x_2=0.04$$

$$\Delta x(3)=-0.032, x_3=0.008$$

几步迭代使其收敛于 $x=0$。

方法 2：最优的加速因子

现在在每次迭代中用最优值来重复一样的计算过程。

重写 $y'=2x$ 和 $\Delta x=-\alpha\mathrm{d}f/\mathrm{d}x$。因此，

$$\Delta x(1)=-2\alpha$$

若给出

$$x_1=(1-2\alpha) \text{ 及 } y=(1-2\alpha)^2$$

则可得到 α 的最优值，以此最小化 y。

$$\frac{\mathrm{d}y}{\mathrm{d}\alpha}=0=(1-2\alpha)=0$$

$$\alpha=0.5$$

因此由 α 的这个值，可以求得

$$\Delta x(1) = -(0.5)(2) = -1, x_1 = 1 + (-1) = 0$$

现在可以重复计算修正值 $\Delta x(2)$ 的过程

$$\Delta x(2) = -2 \times 0 = 0$$

结果显示该问题已经在一次迭代中收敛到了结果。

例 8.3 使用梯度法最小化以下方程：

$$f(x_1, x_2) = 2x_1^2 + 9x_2^2 + 2x_1x_2 - 8x_1 + 3x_2$$

初始值为

$$\begin{bmatrix} x_1^i \\ x_2^i \end{bmatrix} = \begin{bmatrix} x_1^0 \\ x_2^0 \end{bmatrix} = \begin{bmatrix} 3 \\ 5 \end{bmatrix}$$

解法

首先推出函数 f 的梯度

$$\nabla f(x_1, x_2) = \begin{bmatrix} \dfrac{\partial f}{\partial x_1} \\ \dfrac{\partial f}{\partial x_2} \end{bmatrix} = \begin{bmatrix} 4x_1 + 2x_2 - 8 \\ 18x_2 + 2x_1 + 3 \end{bmatrix}$$

$$f\begin{pmatrix} x_1^1 \\ x_2^1 \end{pmatrix} = 264$$

迭代 1

新的值可以从使用关于 x_1 和 x_2 的梯度中计算得到

$$\nabla f(3,5) = \begin{bmatrix} 4(3) + 2(5) - 8 \\ 18(5) + 2(3) + 3 \end{bmatrix} = \begin{bmatrix} 14 \\ 99 \end{bmatrix}$$

$$\begin{bmatrix} x_1^{i+1} \\ x_2^{i+1} \end{bmatrix} = \begin{bmatrix} x_1^i \\ x_2^i \end{bmatrix} - \gamma_i \nabla f(3,5)$$

$$\begin{bmatrix} x_1^2 \\ x_2^2 \end{bmatrix} = \begin{bmatrix} 3 \\ 5 \end{bmatrix} - \gamma_i \begin{bmatrix} 14 \\ 99 \end{bmatrix}$$

$$f(x_1^2 = 3 - 14 \times \gamma_0, x_2^2 = 5 - 99 \times \gamma_0) = 91373 \times \gamma_0^2 - 9997 \times \gamma_0 + 264$$

$$\frac{\partial f}{\partial \gamma_0} = 182746 \times \gamma_0 - 9997 = 0 \rightarrow \gamma_0 = 0.055$$

$$\begin{bmatrix} x_1^2 \\ x_2^2 \end{bmatrix} = \begin{bmatrix} 1 \\ 2 \end{bmatrix} - 0.055 \times \begin{bmatrix} 14 \\ 99 \end{bmatrix} = \begin{bmatrix} 2.23 \\ -0.42 \end{bmatrix}$$

$$f\begin{pmatrix} x_1^2 \\ x_2^2 \end{pmatrix} = -9.44$$

在进行下一次迭代之前，需要观察函数 f 真实值的变化。

$$\left(\frac{f\begin{pmatrix}x_1^{i+1}\\x_2^{i+1}\end{pmatrix}-f\begin{pmatrix}x_1^{i}\\x_2^{i}\end{pmatrix}}{f\begin{pmatrix}x_1^{i}\\x_2^{i}\end{pmatrix}}<\text{变化阈值}\right)\text{，然后}\begin{cases}\text{如果 是，则停止迭代}\\\text{如果 否，则继续}\end{cases}$$

$$\text{变化 } f=\left(\frac{264-(9.44)}{264}\right)=1.04$$

因为函数 f 的变化较大，所以继续第二次迭代。

迭代 2：$i=2$

$$\nabla f\left(\begin{bmatrix}2.23\\-0.42\end{bmatrix}\right)=\begin{bmatrix}12\times 2.23+4\times -0.42-85\\6\times -0.42+4\times 2.23+3\end{bmatrix}=\begin{bmatrix}0.105\\-0.015\end{bmatrix}$$

$$\begin{bmatrix}x_1^{i+1}\\x_2^{i+1}\end{bmatrix}=\begin{bmatrix}x_1^{i}\\x_2^{i}\end{bmatrix}-\gamma_i\,\nabla f(1,2)$$

$$\begin{bmatrix}x_1^{3}\\x_2^{3}\end{bmatrix}=\begin{bmatrix}2.23\\-0.42\end{bmatrix}-\gamma_i\begin{bmatrix}0.105\\-0.015\end{bmatrix}$$

$$f(x_1^3=2.23-0.11\times\gamma_0,x_2^3=-0.42-0.015\times\gamma_0)=0.021\times\gamma_0^2-0.011\times\gamma_0+9.44$$

$$\frac{\partial f}{\partial\gamma_0}=0.042\times\gamma_0-0.011=0\rightarrow\gamma_0=0.27$$

$$\begin{bmatrix}x_1^{3}\\x_2^{3}\end{bmatrix}=\begin{bmatrix}2.23\\-0.42\end{bmatrix}-0.27\times\begin{bmatrix}0.105\\-0.015\end{bmatrix}=\begin{bmatrix}2.21\\-0.41\end{bmatrix}$$

$$f\begin{pmatrix}x_1^{3}\\x_2^{3}\end{pmatrix}=-9.44$$

$$\left(\frac{f\begin{pmatrix}x_1^{i+1}\\x_2^{i+1}\end{pmatrix}-f\begin{pmatrix}x_1^{i}\\x_2^{i}\end{pmatrix}}{f\begin{pmatrix}x_1^{i}\\x_2^{i}\end{pmatrix}}<\text{变化阈值}\right)\text{,然后}\begin{cases}\text{如果 是，则停止迭代}\\\text{如果 否，则继续}\end{cases}$$

很明显

$$f\begin{pmatrix}x_1^{2}\\x_2^{2}\end{pmatrix}\sim f\begin{pmatrix}x_1^{3}\\x_2^{3}\end{pmatrix}$$

$f=0$ 的变化停止了这个过程。我们能够通过重新计算梯度函数来测试所获得的值。

$$\nabla f(x_1, x_2) = \begin{bmatrix} 4x_1 + 2x_2 - 8 \\ 18x_2 + 2x_1 + 3 \end{bmatrix} = \begin{bmatrix} 0 \\ 0 \end{bmatrix}$$

$$\begin{bmatrix} 4 & 2 \\ 2 & 18 \end{bmatrix} \begin{bmatrix} x_1 \\ x_2 \end{bmatrix} = \begin{bmatrix} 8 \\ -3 \end{bmatrix}$$

$$\begin{bmatrix} x_1 \\ x_2 \end{bmatrix} = \begin{bmatrix} 4 & 2 \\ 2 & 18 \end{bmatrix}^{-1} \begin{bmatrix} 8 \\ -3 \end{bmatrix} = \begin{bmatrix} 2.21 \\ -0.41 \end{bmatrix}$$

$$f\left(\begin{bmatrix} 2.21 \\ -0.41 \end{bmatrix}\right) = -9.44$$

4. 二次技术

二次技术[55-57]的基本思想是设置凸目标函数 $f(x)=0$ 的梯度 $\nabla f(x)$ 的值为最优。现在在 x_0 点泰勒展开 $f(x)'$。

$$f(x) = f'(x_0) + (x - x_0)f''(x_0) + (1/2)(x - x_0)^2 f'''(x_0) + \cdots \tag{8.24}$$

只使用线性项，可以得到

$$f'(x) - f'(x_0) + (x - x_0)f''(x_0) = 0 \tag{8.25}$$

在多变量系统中，一阶导数被称作雅可比，而二阶导数称为黑森。这个方程可以写成

$$f'(x) - J_0 + \Delta x H_0 = 0 \tag{8.26}$$

其中，$\Delta x = (x - x_0)$，而 J_0 和 H_0 是在点 0 处的雅可比值 n 和黑森值。这个方程是通过使 $f'(x)=0$ 得到的修正值 Δx 来迭代求解的。

$$\Delta x = -\left(\frac{J_0}{H_0}\right) \tag{8.27}$$

$$x_1 = x_0 + (\Delta x) \tag{8.28}$$

该过程持续执行直到 Δx 小于阈值。

例 8.4 用牛顿法最小化 $f(x)=x^2$，初始值为（1，1）。

$$y' = 2x,\ y'' = 2$$

迭代 1：$(x=1)$

$$\Delta x = -\frac{y'}{y''} = -1$$

$$\Delta x_1 = -\frac{2\ (1)}{2} = -1$$

$$x_1 = -1 + 1 = 0 \text{ 和 } f\ (x)\ = 0$$

迭代 2：$(x=0)$

$$\Delta x_2 = \frac{2\ (0)}{2} = 0$$

因为 $\Delta x = 0$，所以知道结果收敛；函数在 $x=0$ 处达到最小。

例 8.5　用牛顿法最小化以下函数：

$$f(x_1,x_2)=6x_1^2+3x_2^2+4x_1x_2+5.5x_1-2x_2$$

初始值为

$$\begin{bmatrix}x_1^i\\x_2^i\end{bmatrix}=\begin{bmatrix}x_1^0\\x_2^0\end{bmatrix}=\begin{bmatrix}1\\2\end{bmatrix}$$

解法

$$\nabla f(x_1,x_2)=\begin{bmatrix}\dfrac{\partial f}{x_1}\\\dfrac{\partial f}{x_2}\end{bmatrix}=\begin{bmatrix}4x_1+2x_2-8\\18x_2+2x_1+3\end{bmatrix}$$

$$H=\begin{bmatrix}4&2\\2&18\end{bmatrix}$$

$$H^{-1}=\begin{bmatrix}0.264706&-0.029412\\-0.029412&0.058824\end{bmatrix}$$

迭代 1

$$\nabla f(3,5)=\begin{bmatrix}14\\99\end{bmatrix}$$

$$-H^{-1}\nabla f(3,5)=\begin{bmatrix}-0.794118\\-5.41176\end{bmatrix}$$

$$\begin{bmatrix}x_1^2\\x_2^2\end{bmatrix}=\begin{bmatrix}1\\2\end{bmatrix}+\begin{bmatrix}-0.794118\\-5.41176\end{bmatrix}=\begin{bmatrix}2.20588\\-0.411765\end{bmatrix}$$

迭代 2

$$\nabla f\left(\begin{bmatrix}2.20588\\-0.411765\end{bmatrix}\right)=\begin{bmatrix}0\\0\end{bmatrix}$$

$$-H^{-1}\nabla f(2.20588,-0.411765)=\begin{bmatrix}0\\0\end{bmatrix}$$

因为梯度为零，所以停止迭代过程。

5. 约束处理法

卡罗需—库恩—塔克（Karush - Kuhn - Tucker）[52-58] 是提供足够的条件去求解约束优化问题的常用方法。这种方法基本上都是通过添加约束条件到目标函数，来转化类似式（8.1）~式（8.3）一类的约束优化问题为非约束问题。

这种方法定义了一个新的目标函数，称为拉格朗日函数，如下所示：

$$L=f(x,u)+\lambda h(x,h)+\beta a(x,z,u) \tag{8.29}$$

其中，$h(x, u)$ 是等式约束，$a(x, z, u)$ 是变量 z 的引入到不等式约束 $g(x, u) \leqslant 0$ 的等式约束结果。

$$a(x, z, u) = g(x, u) + z^2 = 0 \tag{8.30}$$

使用 z^2 代替 z，使计算对于 z 是负还是正都不敏感。注意，如果不等式 $g(x, u) \geqslant 0$，则得到的等式方程为

$$a(x,z,u) = g(x,u) - z^2 = 0 \tag{8.31}$$

卡罗需—库恩—塔克的充分条件是

$$\begin{aligned} \frac{\partial L}{\partial x} &= 0 \\ \frac{\partial L}{\partial z} &= 0 \\ \frac{\partial L}{\partial \lambda} &= 0 \\ \frac{\partial L}{\partial \beta} &= 0 \end{aligned} \tag{8.32}$$

这种方法可以以下面几种形式使用。

（1）拉格朗日乘数法。这是用拉格朗日乘数 β 和 λ 在式（8.16）中所给出的精确实现。这种方法的主要缺点是需要确定在每一次迭代约束的正确设置。在每一次迭代中，不等式约束需要被检测，并且那些有约束力的（违规）需要被添加到有效集中。一些方法已经被提出来纠正这一问题[57]。

例 8.6 使用包含拉格朗日乘数约束处理方法的库恩—塔克法求解 $f(x) = (x)^2$ 的最小化问题，使其满足 $g(x) = x - 1 \geqslant 0$

解法

推得拉格朗日函数为

$$\pounds = f(x) + \beta \cdot (x - 1 + z^2)$$

$$\frac{\partial \pounds}{\partial x} = 0, 2x + \beta = 0 \Rightarrow x = -\frac{\beta}{2}$$

$$\frac{\partial \pounds}{\partial \beta} = 0, x - 1 + z^2 = 0 \Rightarrow x = 1$$

$$\frac{\partial \pounds}{\partial z} = 0, 2\beta z = 0$$

从最后一个式子可以看出，$\beta = 0$ 或 $z = 0$。若 $\beta = 0$，则得到 $x = 0$，违背了约束条件。若 $z = 0$，则得到 $x = 1$，其符合约束条件。

例 8.7 用包含拉格朗日乘数约束处理方法的库恩—塔克法求解以下函数的最小化问题：

$$f(x) = 6x_1^2 + 3x_2^2$$

使其满足

$$g_1(x) = -x_1 + x_2 \geqslant 0.4$$

解法

首先，改变不等式约束条件为以下形式：

$$g_1(x) = x_1 - x_2 \leqslant -0.4$$

然后，我们通过添加松弛变量 x_3^2，将不等式约束转化为等式约束

$$h_1(x) = x_1 - x_2 + x_3^2 + 0.4 = 0$$

$$L = 6x_1^2 + 3x_2^2 + \lambda_1(x_1 - x_2 + x_3^2 + 0.4)$$

接着推出拉格朗日函数对应于 x_1，x_2 和 x_3 的一阶导数

$$\nabla L = \begin{bmatrix} 12x_1 + \lambda_1 \\ 6x_2 - \lambda_1 \\ 2\lambda_1 x_3 \end{bmatrix}$$

又推出拉格朗日函数对应于 x_1，x_2 和 x_3 的二阶导数

$$\nabla^2 L = \begin{bmatrix} 12 & 0 & 0 \\ 0 & 6 & 0 \\ 0 & 0 & 2\lambda_1 \end{bmatrix}$$

进而推出等式约束方程 $h_1(x)$ 对应于 x_1，x_2 和 x_3 的导数

$$G = \nabla h_1(x) = \begin{bmatrix} 1 \\ -1 \\ 2x_3 \end{bmatrix}$$

矩阵 $\nabla^2 L$ 和 G 用来推导 J 的雅可比，其是 L 对应于 x_1，x_2，x_3 和 λ_1 的二阶导数。这将被用于牛顿方程式（8.14）去求得计算最小化下 x_1，x_2，x_3 和 λ_1 的值。

$$J = \begin{bmatrix} 12 & 0 & 0 & 1 \\ 0 & 6 & 0 & -1 \\ 0 & 0 & 2\lambda_1 & 2x_3 \\ 1 & -1 & 2\lambda_3 & 0 \end{bmatrix} = \begin{bmatrix} \nabla^2 L & G \\ G^{\mathrm{T}} & 0 \end{bmatrix}$$

使用这些步骤求解

$$\begin{bmatrix} \nabla^2 L & G \\ G^{\mathrm{T}} & 0 \end{bmatrix} \begin{bmatrix} \Delta x^j \\ \Delta \lambda^j \end{bmatrix} = -\begin{bmatrix} \nabla L \\ h \end{bmatrix}^j$$

$$\begin{bmatrix} \Delta x^j \\ \Delta \lambda^j \end{bmatrix} = -\left(\begin{bmatrix} \nabla^2 L & G \\ G^{\mathrm{T}} & 0 \end{bmatrix}^j\right)^{-1} \begin{bmatrix} \nabla L \\ h \end{bmatrix}^j$$

$$\begin{bmatrix} x^{j+1} \\ \lambda^{j+1} \end{bmatrix} = \begin{bmatrix} x^j \\ \lambda^j \end{bmatrix} + \begin{bmatrix} \Delta x^j \\ \Delta \lambda^j \end{bmatrix}$$

迭代 1：$j=1$

$$\begin{bmatrix} x^0 \\ \lambda^0 \end{bmatrix} = \begin{bmatrix} 1 \\ 1 \\ 0 \\ 1 \end{bmatrix}$$

$$f(x^j) = 6x_1^2 + 3x_2^2 = 9$$

$$g_1(x^j) = -x_1 + x_2 = 0$$

$$\begin{bmatrix} \nabla L \\ h \end{bmatrix}^j = \begin{bmatrix} 11 \\ 7 \\ 0 \\ 0.4 \end{bmatrix}$$

$$\begin{bmatrix} \nabla^2 L & G \\ G^{\mathrm{T}} & 0 \end{bmatrix}^j = \begin{bmatrix} 12 & 0 & 0 & 1 \\ 0 & 6 & 0 & -1 \\ 0 & 0 & 2 & 0 \\ 1 & -1 & 0 & 0 \end{bmatrix}$$

$$\begin{bmatrix} \Delta x^j \\ \Delta \lambda^j \end{bmatrix} = -\left(\begin{bmatrix} \nabla^2 L & G \\ G^{\mathrm{T}} & 0 \end{bmatrix}^j \right)^{-1} \begin{bmatrix} \nabla L \\ h \end{bmatrix}^j = \begin{bmatrix} -1.1333 \\ -0.7333 \\ 0 \\ 0.6 \end{bmatrix}$$

$$\begin{bmatrix} x^{j+1} \\ \lambda^{j+1} \end{bmatrix} = \begin{bmatrix} x^j \\ \lambda^j \end{bmatrix} + \begin{bmatrix} \Delta x^j \\ \Delta \lambda^j \end{bmatrix} = \begin{bmatrix} 1 \\ 1 \\ 0 \\ 1 \end{bmatrix} + \begin{bmatrix} -1.1333 \\ -0.7333 \\ 0 \\ 0.6 \end{bmatrix} = \begin{bmatrix} -0.1333 \\ 0.2667 \\ 0 \\ 1.6 \end{bmatrix}$$

$$f(x^{j+1}) = 6x_1^2 + 3x_2^2 = 0.32$$

$$g_1(x^{j+1}) = -x_1 + x_2 = 0.4$$

迭代 2：$j=2$

$$\begin{bmatrix} \nabla L \\ h \end{bmatrix}^j = \begin{bmatrix} 0 \\ 0 \\ 0 \\ 0 \end{bmatrix}$$ 可以看出结果是收敛的。

表 8.1 给出了计算的详情。图 8.8 所示为例 8.7 的最优化问题，阴影部分表示关于 x_1 和 x_2 的函数可接受的快速最优化域。

（2）惩罚函数法。通过以二次函数的形式对主要约束添加惩罚来获得一个拉格朗日变量[59]。

$$L = f(x,u) + \lambda h(x,u) + \beta a^2(x,u) \tag{8.33}$$

惩罚因子是在每次迭代中用一个因子 β（如 10）来加快收敛。类似拉格朗日乘数法，这种方法的主要缺点是需要确定在每一次迭代中绑定约束条件的正确设置[57]。

例 8.8　使用包含了惩罚函数约束处理方法的库恩—塔克法来求解 $f(x)=(x)^2$ 的最小化问题，使其满足 $g(x)=x-1\geqslant 0$。

表 8.1　例 8.7 的计算详情

J	$\begin{bmatrix} x^j \\ \lambda^j \end{bmatrix}$	$\begin{bmatrix} \nabla^2 L & G^j \\ G^{\mathrm{T}} & 0 \end{bmatrix}$				$\left(\begin{bmatrix} \nabla^2 L & G^j \\ G^{\mathrm{T}} & 0 \end{bmatrix}\right)^{-1}$				$\begin{bmatrix} \nabla L \\ h \end{bmatrix}$	$\begin{bmatrix} \Delta x^j \\ \Delta\lambda^j \end{bmatrix}$	$\begin{bmatrix} x^{j+1} \\ \lambda^{j+1} \end{bmatrix}$
1	1	12	0	0	-1	0.055556	0.055556	0	-0.33333	11	1.133333	-0.13333
	1	0	6	0	1	0.055556	0.055556	0	0.666667	7	0.733333	0.266667
	0	0	0	2	0	0	0	0.5	0	0	0	0
	1	-1	1	0	0	-0.33333	-0.666667	0	-4	0.4	0.6	1.6
2	-0.133	12	0	0	-1	0.055556	0.055556	0	-0.33333	0	0	-0.13333
	0.267	0	6	0	1	0.055556	0.055556	0	0.666667	0	0	0.266667
	0	0	0	-3.2	0	0	0	-0.3125	0	0	0	0
	-1.6	-1	1	0	0	-0.33333	0.666667	0	-4	0	0	1.6

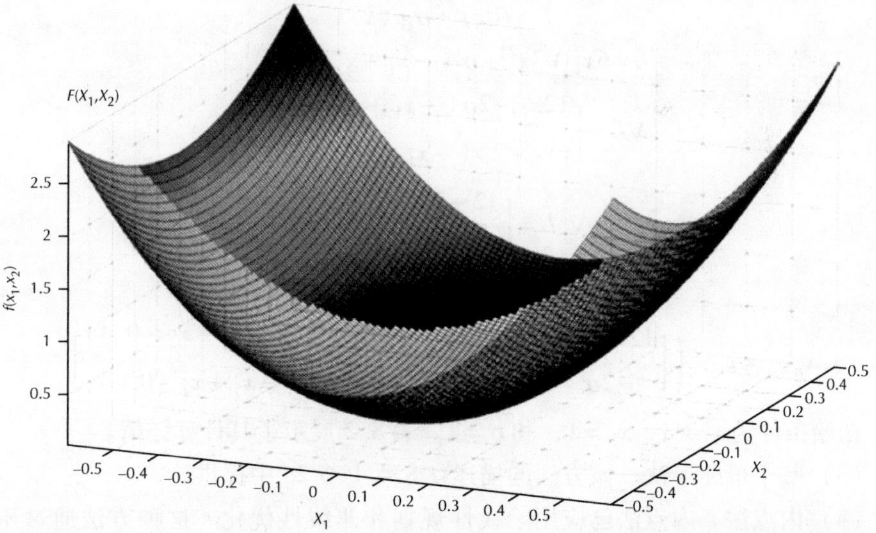

图 8.8　例 8.7 的最优化问题，阴影部分表示关于 x_1 和 x_2 的函数可接受的最优化区域

解法

推得拉格朗日函数

$$L = x^2 + \sigma\ (x-1)^2$$

$$\frac{\partial L}{\partial x} = 2x + 2\sigma \quad x - 2\sigma = 0$$

$$x = \frac{\sigma}{(1+\sigma)}$$

为了求解这个问题，以 $\sigma = 1$ 开始计算且每次以 10 倍因子增加来进行迭代。

迭代 1：$\sigma = 1$，$x = 0.5$

迭代 2：$\sigma = 10$，$x = 0.90$

迭代 3：$\sigma = 100$，$x = 0.99$

迭代 4：$\sigma = 1000$，$x = 0.999$

可以看出计算收敛于 $x = 1$。

例 8.9 使用包含了惩罚函数约束处理方法的库恩—塔克法最小化以下函数：

$$f(x) = 6x_1^2 + 3x_2^2$$

使其满足

$$g_1(x) = -x_1 + x_2 \geqslant 0.4$$

解法

$$g(x) = -x_1 + x_2 - 0.4$$

$$L = f(x) + \sigma g\ (x)^2$$

$$L = 6x_1^2 + 3x_2^2 + \sigma\ (-x_1 + x_2 - 0.4)^2$$

$$\nabla L = \begin{bmatrix} 12x_1 - 2\sigma(-x_1 + x_2 - 0.4) \\ 6x_2 + 2\sigma(-x_1 + x_2 - 0.4) \end{bmatrix}$$

$$\nabla^2 L = \begin{bmatrix} 12 + 2\sigma & -2\sigma \\ -2\sigma & 6 + 2\sigma \end{bmatrix}$$

$$x_{n+1} = x_n - (\nabla^2 L)^{-1} \nabla L$$

$$x_{n+1} = x_n - \left(\begin{bmatrix} 12 + 2\sigma & -2\sigma \\ -2\sigma & 6 + 2\sigma \end{bmatrix}\right)^{-1} \begin{bmatrix} 12x_1 - 2\sigma(-x_1 + x_2 - 0.4) \\ 6x_2 + 2\sigma(-x_1 + x_2 - 0.4) \end{bmatrix}$$

初始条件为 $x_1 = 1$，$x_2 = 1$，和 $\sigma = 1$。表 8.2 展示了其计算详情。

（3）基于单纯形法。该方法的描述在 8.4.1 节 2. 中提供。

（4）内点法。内点法已应用于线性规划和非线性优化。这种方法通过用对数障碍函数代替惩罚函数来处理不等式约束问题[60,61,62,63]。

因此对于式（8.1）~式（8.3）给出的问题，可以用对数函数来表示不等式约束的方法改写拉格朗日函数为

$$L = f(x,u) + \lambda h(x,u) + \mu \ln\ (g(x,u)) \tag{8.34}$$

表 8.2　例 8.9 的计算详情

n	σ	x_n	$\nabla^2 L$		$(\nabla^2 L)^{-1}$		∇L	$(\nabla^2 L)^{-1}\nabla L$	x_{n+1}
0	1	1	14	−2	0.07407	0.01852	12.8	1.0444	−0.0444
		1	−2	8	0.01852	0.12963	5.2	0.9111	0.0889
1	10	−0.0444	32	−20	0.06019	0.04630	4.8	0.0667	−0.1111
		0.0889	−20	26	0.04630	0.07407	−4.8	−0.1333	0.2222
2	10^2	−0.1111	212	−200	0.05610	0.05447	12	0.0196	−0.1307
		0.2222	−200	206	0.05447	0.05773	−12	−0.0392	0.2614
3	10^3	−0.1307	2012	−2000	0.05561	0.05544	14.11	0.0023	−0.1331
		0.2614	−2000	2006	0.05544	0.05578	−14.11	−0.0047	0.2661
4	10^4	−0.1331	20012	−20000	0.05556	0.05554	14.37	0.0002	−0.1333
		0.2666	−20000	20006	0.05554	0.05558	−14.37	−0.0005	0.2666
5	10^5	−0.1333	200012	−200000	0.05556	0.05555	14.39	0.0000	−0.1333
		0.2666	−200000	200006	0.05555	0.05556	−14.39	0.0000	0.2667
6	10^6	−0.1333	2000012	−2000000	0.05556	0.05556	14.39	0.0000	−0.1333
		0.2667	−2000000	2000006	0.05556	0.05556	−14.39	0.0000	0.2667

使用这种方法，包含有识别域的（绑定的不等式约束）非线性算法的其他约束形式的主要缺陷将被消除。必须指出，式（8.20）只对 $g(x,u)\geqslant 0$ 有效。因此 $g(x,u)\leqslant 0$ 这样的约束形式应该改为 $g(x,u)\geqslant 0$。每次迭代中的障碍因素 μ 要减小（如 10），以加快收敛。

例 8.10　使用包含内点约束处理法的库恩—塔克法求解 $f(x)=(x)^2$ 的最小化问题，并使其满足 $g(x)=x-1\geqslant 0$。

解法

在此设计了如下拉格朗日方程：

$$L=f(x,u)+\lambda h(x,u)+\mu\ln\left(g(x,u)\right)$$

$$L=(x)^2+\mu\ln\left(x-1\right)$$

$$\frac{\partial \pounds}{\partial x}=0 \qquad 2x+\frac{\mu}{(x-1)}=0\Rightarrow 2x^2-2x+\mu=0$$

为了得到 x 的最优值，使用牛顿法求解 $f(x)=2x^2-2x+\mu=0$。

$$\Delta x=-\frac{f}{f'}=-\frac{2x^2-2x+\mu}{4x-2}$$

其中，计算的初始条件为 $x=0$ 且 μ 的值为 10，同时为了使计算结果收敛，不断减小 μ。

从 $x=0$ 开始有

$$\Delta x = -\frac{f}{f'} = \frac{-(10)}{(-2)} = 5$$

$$x = 5$$

现在减小 μ 至 1，如下：

$$\Delta x = -\frac{f}{f'} = -\frac{[2(5)^2 - 2(5) + 1]}{[4(5) - 2]} = \left(\frac{41}{18}\right) = -2.27$$

$$x = 5 + (-2.27) = 3.73$$

继续这个迭代过程，每一次迭代减小一次 μ 的值，直至得到计算结果的收敛值。

例 8.11 用内点法化简以下方程：

$$f(x) = 6x_1^2 + 3x_2^2$$

使其满足

$$g_1(x) = -x_1 + x_2 \geqslant 0.4$$

解法

$$c_1(x) = -x_1 + x_2 - 0.4 = 0$$

$$L = f(x) - \zeta \ln (c_1(x))$$

$$L = 6x_1^2 + 3x_2^2 - \zeta \ln (-x_1 + x_2 - 0.4)$$

$$\nabla L = \begin{bmatrix} 12x_1 + \dfrac{\zeta}{-x_1 + x_2 - 0.4} \\ 6x_2 - \dfrac{\zeta}{-x_1 + x_2 - 0.4} \end{bmatrix} = \begin{bmatrix} 0 \\ 0 \end{bmatrix}$$

解得 L 的梯度为

$$h(x) = \nabla L = \begin{bmatrix} 0 \\ 0 \end{bmatrix} = \begin{bmatrix} 12x_1(-x_1 + x_2 - 0.4) + \zeta \\ 6x_2(-x_1 + x_2 - 0.4) - \zeta \end{bmatrix}$$

$$h(x) = \begin{bmatrix} 12(-x_1x_1 + x_2x_1 - 0.4x_1) + \zeta \\ 6(-x_1x_2 + x_2x_2 - 0.4x_2) - \zeta \end{bmatrix}$$

得到雅可比矩阵为

$$h'(x) = \begin{bmatrix} -24x_1 + 12x_2 - 4.8 & 12x_1 \\ -6x_2 & -6x_1 + 12x_2 - 2.4 \end{bmatrix}$$

使用每个迭代 ζ 以 0.1 倍的减少速率进行求解

$$x_{n+1} = x_n - (h'(x))^{-1} h(x)$$

$$x_{n+1} = x_n - \begin{bmatrix} -24x_1 + 12x_2 - 4.8 & 12x_1 \\ -6x_2 & -6x_1 + 12x_2 - 2.4 \end{bmatrix}^{-1} \begin{bmatrix} 12x_1(-x_1 + x_2 - 0.4) + \zeta \\ 6x_2(-x_1 + x_2 - 0.4) - \zeta \end{bmatrix}$$

迭代的初值为 $x_1 = -0.133$，$x_2 = 0.266$ 和 $\zeta = 0.01$，同时通过一个因子来减

小 ξ 作为迭代过程。表 8.3 列出了计算详情。

表 8.3　例 8.11 的计算详情

$J=n$	ξ	x_n	$h'(x)$		$(h'(x))^{-1}$		$h(x)$	$(h'(x))^{-1}h(x)$	x_{n+1}
0	10^{-2}	-0.1330	1.584	-1.596	0.490	-0.140	0.012	0.007	-0.140
		0.2660	-1.596	-5.592	-0.140	-0.139	-0.012	0.000	0.266
1	10^{-3}	0.1403	1.760	-1.684	0.448	-0.133	-0.010	-0.006	-0.135
		0.2660	-1.596	-5.680	-0.126	-0.139	0.009	0.000	0.266
2	10^{-4}	-0.1348	1.628	-1.617	0.479	-0.138	-0.001	-0.001	-0.134
		0.2661	-1.596	-5.614	-0.136	-0.139	0.001	0.000	0.266
3	10^{-5}	-0.1340	1.609	-1.608	0.484	-0.139	0.000	0.000	-0.134
		0.2661	-1.596	-5.604	-0.138	-0.139	0.000	0.000	0.266
4	10^{-6}	-0.1339	1.607	-1.607	0.484	-0.139	0.000	0.000	-0.134
		0.2661	-1.596	-5.604	-0.138	-0.139	0.000	0.000	0.266
5	10^{-7}	-0.1339	1.607	-1.607	0.484	-0.139	0.000	0.000	-0.134
		0.2661	-1.596	-5.604	0.138	-0.139	0.000	0.000	0.266

6. OPF 的扩展

最优潮流方法需要被扩展以适用于不同类型的解决方案。这些扩展包括以下几类：

(1) 多点型。由于 OPF 提供的解决方案是针对一个时间点的，因此它需要扩展以处理那些时间跨度超过一定时期的应用场合[64]，如一个机组协议，这就需要考虑不同机组的执行时间，因为它们有的制定了协议而有的没有制定协议(例如启动时间、斜率)。

(2) 离散决策型。在一些问题上，需要制定零个或一个决策。特殊的优化扩展用来处理这些问题。这些问题的一个例子是对准切换分流的控制离散[65,66,67]和变压器分接头，以及处理引入或终止发电机组的机组协议。

(3) 多网型。这些问题涉及一些网络的解决方案。这种解决方案的一个例子是安全约束最优潮流[58,68]，其中正常系统和一些故障情况下的处理方式是需要寻求一个可行的整体运行方案。

图 8.9 总结了先前讨论的 OPF 分类和扩展。

8.4.2　发电充分性的基础设施

基础设施依赖于以下列出的电力公司模型：

1）在纵向集成电力公司中，处理发电的基础设施可以设置在输电和发电信息之间没有屏障的控制中心；

2）在重组后的纵向集成电力公司中，处理发电的基础设施设置在发电部门，并且存在发电和输电之间的公平交易；

3）在重组的电力公司中，市场运作方案置于市场的操作系统之中，如此一来，是否设置控制中心取决于系统操作是否领导市场操作。

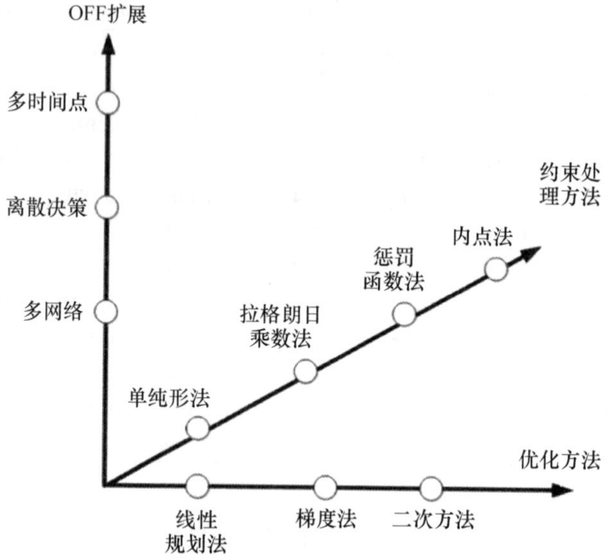

图 8.9　OPF 的分类和扩展

问题和难点

8.1　列出重组系统的 4 个主要特征。

8.2　画出重组纵向集成电力公司中的功能实体。

8.3　重组电力公司模型存在的原因是什么？

8.4　常规的、快速的和较慢的储备分别是什么？

8.5　列出 3 个最优潮流扩展。

8.6　用单纯型法求解以下方程的最小值：

$$f(x) = x_1 - 2x_2 - x_3$$

使其满足

$$2x_1 + x_2 - x_3 \geqslant 2$$
$$2x_1 - x_2 + 5x_3 \geqslant 6$$
$$4x_1 + 1.5x_2 + 1.5x_3 \geqslant 6$$

8.7　用梯度法求解以下方程的最小值，迭代起始点为（1，-2/3）。

$$f(x) = \frac{1}{3}x^3 - x$$

8.8　用牛顿法求解以下方程的最小值，迭代起始点为（1，-4/3）。

$$f(x) = \frac{1}{3}x^3 + x$$

8.9　用库恩—塔克（Kuhn - Tucker）法求解以下方程的最小值。

$$f(x) = x_1^2 + x_2^2$$

使其满足

$$g_1(x) = -x_1 + x_2 \leqslant 0.4$$

8.10　用内点法求解以下方程的最小值。

$$f(x) = x_1^2 + x_2^2$$

使其满足

$$g_1(x) = -x_1 + x_2 \geqslant 0.4$$

8.11　用补偿法求解以下方程的最小值。

$$f(x) = x_1^2 + x_2^2$$

使其满足

$$g_1(x) = -x_1 + x_2 \geqslant 0.4$$

第 9 章
系统运行控制中心

9.1 介绍

控制中心是指挥和控制系统操作的地方。与输电操作、配电操作、市场运作和恢复相关的关键过程都是在控制中心执行的。这些关键的过程中可能有些服务要求 30min 内恢复和每年的 99.95% 的可用性。这就意味着，支持这一进程的技术不能停止服务超过 30min 或 1 年内超过 3.83h。因此，控制中心基础设施应旨在支持技术解决方案的可用性要求。

高可用性的要求提出了一系列在控制中心基础设施上具体的设计属性，以确保它可以承受事件，如自然灾害、事故、环境和生物事件，以及恶意攻击。

现代控制中心的设计与老式设计有两个方面的不同：

1）老式控制中心，如图 9.1 所示，不完全兼容现代控制中心的许多设计属性；

2）老式控制中心的功能更有限，影响的区域更少，导致不同区域拥有不同的控制中心。

本章将首先描述所需的标准和现代控制中心必要的属性。然后将重点介绍现代控制中心提供所需的冗余配置。最后，将描述现代控制中心配置和设计趋势，满足所需的属性。

图9.1 BC Hydro 的老控制中心

9.2 现代控制中心属性

现代控制中心设计的最基本属性是通过服务恢复时间测量的服务可用性和逐年可用性。例如，BC Hydro 公司的现代控制中心的设计是基于 15min 的服务恢复时间和每年 99.95% 的可用性。这个性能需求构成了两个重要的事实：

1）操作员不能容忍失去监视和控制功能控制中心的时间超过 15min；

2）操作员不能容忍遭受每年超过 15 次的断电，从而促成 99.95% 的可用性。

表9.1 中给出了控制中心需要设计的一个典型的事件列表。这个表显示了设计要求中的事件风险以减缓事件相关风险。应该注意的是，使用适当的方法来评估不同的风险事件，可以计算事件发生的概率乘以事件造成的影响。如果与事件相关的风险可以忽略不计或者很低，那么事件不需要在控制中心设计中考虑，反之亦然。表9.1 的结果决定了控制中心的设计和冗余需求。

作为一个例子，如果对于一个电力公司地震的风险是不容忽视的，那么该电力公司需要通过考虑如下的减缓风险的设计特征来降低其风险：

1）需要建造更高标准抗震性的基础设施；

2）不同的地震地区需要开发一个备用的控制中心来减缓因基础设施设计没有考虑严重地震情况所带来的风险；

3）从地震中恢复的灾难恢复计划的开发。

表 9.1 对于控制中心设计和潜在缓解方案所需考虑的事情

事件类型	事件	事件风险	对于减轻事件风险所需的设计
自然事件	地震		弹性基础设施，在不同地震区域的二级控制中心，灾难恢复程序
	火灾		灭火设备，二级控制中心，灾难恢复程序
	洪水		二级控制中心，灾难恢复程序
	风暴		二级控制中心，灾难恢复程序
	电磁风暴		二级控制中心，灾难恢复程序
意外事件	车祸		建筑物周围的混凝土屏障，灾难恢复程序
	飞机事故		弹性建筑，二级控制中心，灾难恢复程序
	爆炸		弹性建筑，防碎玻璃和钢筋窗户，二级控制中心，灾难恢复程序
	人为失误		培训设施，灾难恢复程序，二级控制中心
恶意攻击	恐怖袭击		人身安全屏障，入口大门，混凝土屏障，24/7 安全性，双重认证，符合 NERC 的人身安全标准，灾难恢复程序
	网络安全攻击		安全架构设计，符合 NERC 的人身安全标准，灾难恢复程序
	人身安全攻击		人身安全屏障，入口大门，24/7 安全性，双重认证，二级控制中心，灾难恢复程序
	故意破坏		符合 NERC 的人身和网络安全标准，灾难恢复程序
生物或环境	疾病		安全程序，二级控制中心，灾难恢复程序
	空气污染		安全程序，二级控制中心，灾难恢复程序
	水污染		安全程序，二级控制中心，灾难恢复程序
	有毒物质泄漏		安全程序，二级控制中心，灾难恢复程序

9.3 控制中心冗余配置

控制中心冗余是通过两个不同体系结构实现的：

（1）同一地点的重复系统。这个架构允许在一个控制中心有两个相似的操作系统，一个系统运行在待机模式，如果主操作系统出故障则自动接管操作。

（2）重复控制中心。这个架构促成在两个不同地点的两个控制中心的操作。它有两种不同的形式：

1）两个热站点，一个作为备用，如果主站点故障则自动在几分钟内接管操作；

2）一个热站点和一个一旦主站点出故障就在几小时内接管操作的冷备用站点。

由于其恢复时间长，因此冷备用站点可能不满足冗余要求。

图 9.2 所示为前面描述的在一个控制中心站点和两个控制中心之间的冗余架构。系统 A，B，C，D 是完全相同的系统。如果系统 A 发生故障，则系统 B 将接管。另一方面，如果整个主控制中心由于地震等灾害出现故障，则第二个拥有系统 C 和 D 的站点将接管。

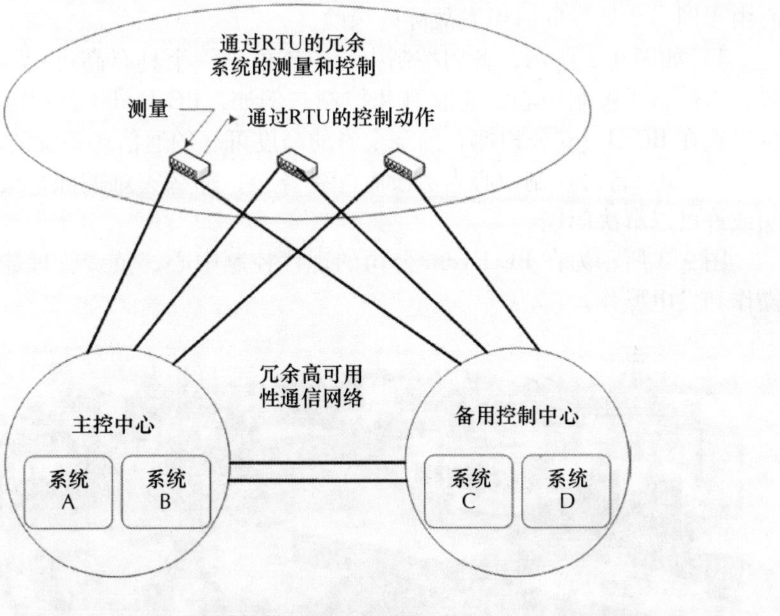

图 9.2　控制中心架构

9.4　现代控制中心配置

在过去，控制中心具有有限的重点。对于一个电力公司来说，具有很多控制中心进行输电操作和区域操作是不常见的[69]。随着科技的进步，现代控制中心设计的趋势已经转移到输配电控制中心功能的整合[69]。这一趋势将减少控制中心的数量到一个最小值，理由如下：

1）降低控制中心建造成本；

2）降低计算机系统成本；

3）降低操作人员和维修人员成本；

4）实现电力系统更好的协调操作；

5）实现统一的输电和配电操作。

如图 9.2 所示，这些理由以及减少不同故障风险的要求通常提倡配置两个控制中心。这有两种不同的配置形式：

1）两个完全运行的控制中心分享日常工作中的不同任务；

2）备用控制中心配备部分员工，当备用控制中心从主控中心接管操作时要求增加员工。

第2个解决方案就员工人数而言提高了效率。备用控制中心的位置选择也需要许多的注意事项：

1）备用控制中心应该位于与主控中心不同的地震区域，以减小两个控制中心由于同一个地震同时引发故障的风险。

2）如图9.2所示，备用控制中心应该位于一个具有高可用性通信系统的位置，以便备用控制中心实施监测和控制。例如，BC Hydro公司的备用控制中心位置选在BC Hydro公司拥有围绕全省的高度可靠的通信环系统的地方。

3）如果备份控制中心人员没有配备齐全，那么灾难期间，员工增加工作时间或许可以解决问题。

图9.3所示为在BC Hydro公司的现代控制中心，负责管理输电操作、配电操作和发电操作。

图9.3　BC Hydro的现代控制中心

控制中心的内部布局通常是根据工作职能设置的。例如，BC Hydro控制中心配置布局如下：

（1）配电操作台由管理配电线路的负荷操作员占用。当停电时，负荷操作员负责指导其恢复供电，因为在变电站和配电系统总是存在维护和资本运作，所以他们也负责发放安全许可证，以便现场工作人员安全地完成工作。

（2）输电操作台由电网操作员和输电协调员所占用，用来监测高压输电线路和变电站。在极高的电压下输电线上存在大量的潮流。电网操作员需要确保这些输电线的负荷在限制范围内，以及确保如果其中任何一条线路突然断电，则要为将发生的故障做好准备工作。输电协调员负责协调断电事件。

（3）交换操作台、发电操作台和发电协调操作台由交换操作员、电厂操作员和协调操作员们占用。交换操作员管理省区潮流的流进流出，而发电操作员负责控制大部分的发电厂，以及监控大坝和周边河流的水位。发电协调员负责控制大发电厂的输出并确保它们应对实时的需求变化。

（4）系统控制台的系统控制管理人员负责监督控制中心内的所有成员。

9.5　现代控制中心设计细节

与现代控制中心设计相关的特征包括：

（1）人身安全。现代控制中心应该能够保护关键系统。与人身安全相关的重要功能包括：

1）周围的高壁垒（例如，12ft）；

2）周围的低混凝土壁垒（例如，3ft）；

3）入口大门；

4）24/7 保安人员；

5）双认证锁、生物和电子卡片；

6）强的抗震结构建筑物（如10000年一次的大地震）；

7）抗震电脑架；

8）防碎窗户玻璃；

9）钢筋窗户。

（2）辅助服务。每个控制中心都应该有富余的辅助系统来保证操作的持续可用。

1）如果主控中心的主要电力供应出现故障，则多余的柴油发电机应有维持控制中心工作两个星期以上的充足燃料。图9.4所示为每个BC Hydro公司的现代控制中心中可用的两个1.25MW柴油发电机中的一个。

2）电池保持工作1.5~4h，直到如图9.5所示的柴油发电机能够起动。

3）冗余空气处理单元。

4）冗余式冷水机组。

（3）控制室的特点。控制室被设计成保证操作员有时会在长时间工作情况下的舒适度最大化的特性：

1）如图9.6所示，高度可调的控制台确保操作员工作时可以坐着或站着，控制台配有个人空调设备；

2）大量的计算机终端提供一个完整的覆盖系统传输图作为每个操作员的个人墙图。

图 9.4　在 BC Hydro 控制中心的一个柴油发电机

图 9.5　BC Hydro 电池室

图 9.6 BC Hydro 控制中心的一个典型控制台

3）如图 9.7 所示，互联网协议（Internet Protocol，IP）寻址灯为每个操作员提供光强度和颜色的选择。

图 9.7 BC Hydro 的现代控制中心的 IP 寻址灯和降噪墙

4）如图 9.7 所示的降噪墙壁。

（4）合规要求。由于在该控件执行关键过程的性质，因此 NERC 建立了需要遵守的人身和网络标准。

问题和难点

9.1　控制中心有什么典型的性能要求吗？

9.2　在考虑控制中心设计时，4 大类事件指什么？

9.3　查询表格 9.1，描述为减少风暴和疾病的影响所需要的设计特点。

9.4　提供冗余的两种方法是什么？

9.5　我们为什么需要控制中心冗余？

9.6　现代控制中心配置的趋势是什么？

9.7　热冗余和冷冗余之间的区别是什么？

9.8　整合控制中心的目标是什么？

9.9　现代控制中心冗余配置是怎样的？

9.10　选择备份控制中心的位置需要考虑什么？

9.11　控制中心的电池室需要什么？

9.12　控制中心的柴油发电机应该需要多少的燃料？

第 10 章
能源管理系统

10.1 介绍

在 20 世纪 70 年代初，EMS 最初是提供给系统操作员通过可靠和有效的方式管理电力系统电网的实时计算机系统。EMS 通过提供发电和输电的决策支持系统和控制装置系统来实现它们的目标。类似的解决方案称为配电管理系统（Distribution Management System，DMS），这将在第 11 章讨论。

根据它们的介绍，在最初的几十年里，因为硬件和软件的要求非常高，所以对供应商提出了更高的系统性能要求。这导致供应商选择定制和专有的解决方案，但是这个方案很难维持客户和供应商的技术解决方案。电力公司留下了一个巨大的所有权总成本（Total Cost of Ownership，TCO），反映了初始成本和产品使用寿命期间的维护成本。这反过来又导致一些厂商倒闭或供应商减少，以及电力公司放弃或彻底检查他们旧的 EMS。

随着 20 世纪 90 年代的技术进步，这种情况开始改变。供应商利用制定 EMS 解决方案基准的优势，可以调动许多没有太多定制的客户，从而降低 EMS 的成本。软件的进步也促进了用户界面和决策支持模块的发展，使得今天的 EMS 比他们最初的产品更加丰富。作为一个例子，该电力公司的结构调整促使了市场管理系统的建立，它可以被认为是 EMS 的一个主要决策支持工具。

EMS 执行着关键任务，这些系统有一个严格的系统可用性要求。因此，大量的注意力集中在选择适当的架构，以实现可用性要求。

图 10.1 所示为 BC Hydro 公司的 EMS 为操作员提供多个显示监视器来提高系统的环境感知和决策支持。

图 10.1　BC Hydro 公司的 EMS

10.2　EMS 功能概述

如图 10.2 所示，EMS 的功能可以分为 3 类：

1）系统监测；

2）决策支持工具；

3）系统控制。

此外，在以下领域中也提供该功能：

1）实时生产系统；

2）操作规划生产系统；

3）研究系统；

4）训练仿真器系统；

5）质量保证系统。

实时生产系统持续操作提供用于管理实时系统操作的决策支持和控制解决方案。同样，一个业务规划生产系统提供用于管理业务规划流程的决策支持和控制解决方案。

研究系统注重于研究目标。例如，操作计划工程师也许会检查除生产系统生产之外的替代品，以确定它们是否能够安全地进行输电线路的输出。

训练仿真领域处理的是为客户提供系统操作员的培训方案，这些场景使用脚本以提供操作员面临的系统条件和他们需要采取的动作。

最后，在将质量保证系统引入到生产系统之前，它被用于测试新的应用程序

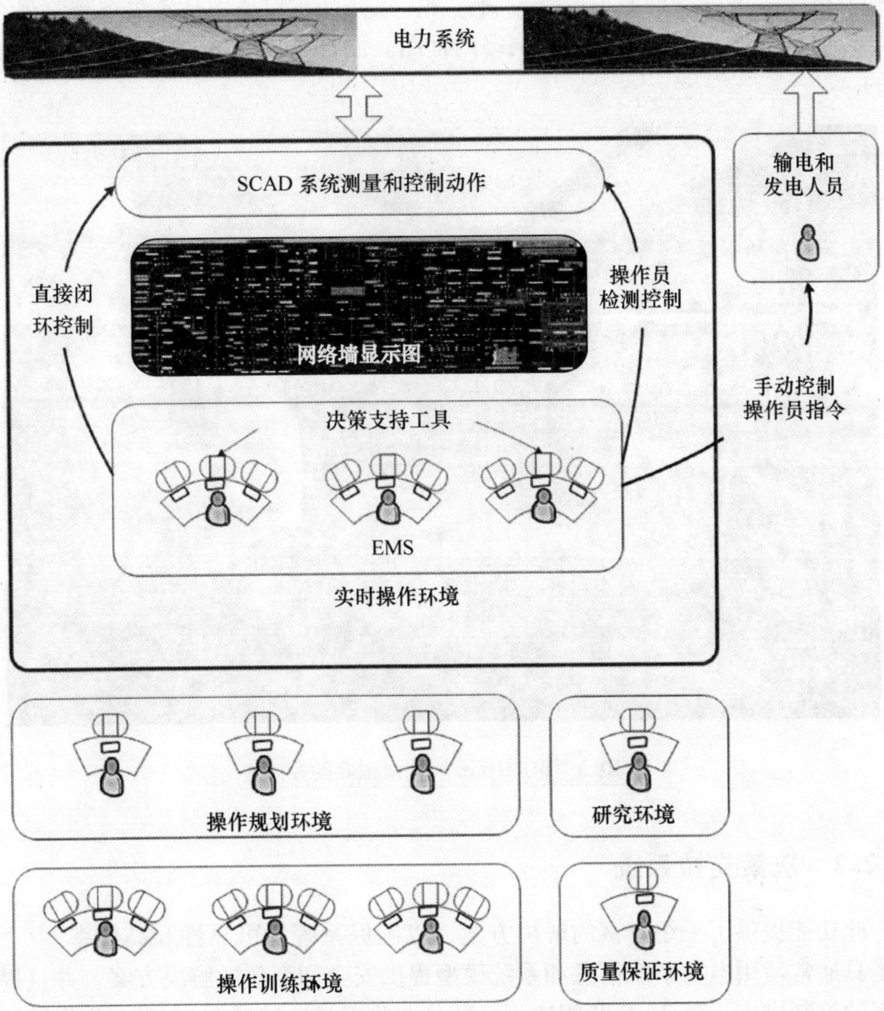

图 10.2　EMS 功能和功能环境

和升级，如图 10.3 所示。

10.2.1　系统监控

此功能提供了系统条件的一个精确图像。如第 2 章所述，EMS 的 SCADA 部分通过不断地在关键位置收集数据来获得关于当前电力系统运行状况的信息。这些数据，如兆瓦值或断路器的位置通过遥测系统被传输到系统控制中心。SCADA的采集和遥测每隔几秒执行一次，使控制主管有尽可能多的瞬时系统视图。在收到控制中心的电力系统数据后，EMS 执行数据处理活动。电力系统数据和分析结果可供各种显示设备控制管理。这些显示设备包括彩色视频监视器和一个以简化的形式描述电力系统网络的框图。而且显示设备的数据是实时自动更新的。

图 10.3　BC Hydro 训练模拟器的控制室

10.2.2　决策支持系统

此功能提供了一组丰富的解决方案，以确保系统的可靠性和高效率[74]。这些工具通常使用电力系统信息和系统模型提供安全和高效的解决方案，并且提供适当的控制措施。第 2 ~ 8 章阐述了一部分这些工具。稍后在 10.3.2 节将描述一个能在 EMS 中反映一套典型的决策支持工具的更完整的列表。

10.2.3　EMS 控制动作

如图 10.1 所示，有 3 种类型的控制方式可通过 EMS 实现。

（1）直接闭环控制。这种控制是通过无操作员干预的 EMS 系统直接实现的。这种控制方式的一个例子是自动发电控制，它是基于频率和交换进度偏差自动实现的。这种控制的另一个例子是自动补救行动计划，它被设计为在特定的系统条件下触发，如一个主要输电线路损失。

（2）操作员监督控制。这些控制由 EMS 的操作员来执行。这种控制的一个例子是操作员打开 SCADA 控制开关。

（3）操作员手动控制。这些控制是由现场工作人员接到操作员的指令后手动实现的。这种控制的一个例子是一个由 EMS 推荐的电厂发电量的变化值。操作员需要电话通知电厂操作员调整发电量，因为操作员不能直接对电厂进行控制。

10.3　EMS 可用性标准和体系结构

输电操作是电力公司中最重要的流程之一，EMS 通过为操作员提供系统的可视化和控制，来实现输电操作过程。如果没有 EMS 的功能，则操作员可以管理输电操作约 30min。30min 时间框架的主要原因在于遏制系统负荷在 30min 内出现实质性变化。一个实质性负荷变化使预定的补救措施无效。此外，没有系统的可视化和控制，操作人员就不可能完成手动操作。因此，如果 EMS 超过 30min 不可用，则操作员将不得不采取更保守的方式来操作系统。

由于 EMS 是一个系统的核心，因此有 3 个不同的标准，以确保在长时间停机时的可用性和业务连续性：

（1）恢复时间。系统可用性的第一个标准是 EMS 断电后的恢复时间。EMS 恢复时间通常为 30min 左右。

（2）系统可用性。第二个标准代表一年内的系统可用率。一个 99.95% 系统的可用性表示一年中的 263min。系统可用性的第一个标准是一个 EMS 断电后的恢复时间。EMS 的可用性通常被选定为 99.95% 左右。

（3）业务连续性。对于 EMS 可能会有长期的断电不太可能发生的情况，需要设计业务连续性过程和解决方案。业务连续性过程确保操作员继续使管理系统以更保守的方式来处理信息。

如图 10.4 所示，EMS 要求提供高可用性的关键功能，需要双冗余设计或 4 倍设计。这个图显示了信息流是怎样从 RTU 传输到控制中心的。通常情况下，前端处理器放置在系统中的几个地点，从远程终端收集信息，并将它们发送到控制中心，以避免远程终端有太多的直接连接。这个数字表明，在主控中心和备份控制中心都有冗余的硬件和软件。如果在任何一个位置存在硬件故障，则冗余硬件将接管操作。如果在主控制中心发生重大故障导致系统无法操作，则系统运行将失败并切换到备用控制中心。连接 RTU 到控制中心的通信系统以及连接两个控制中心的那些通信系统一起被设计为具有高可用性和冗余性。

10.3.1　硬件概述

管理系统包括以下 4 个子系统：

1）数据采集子系统；

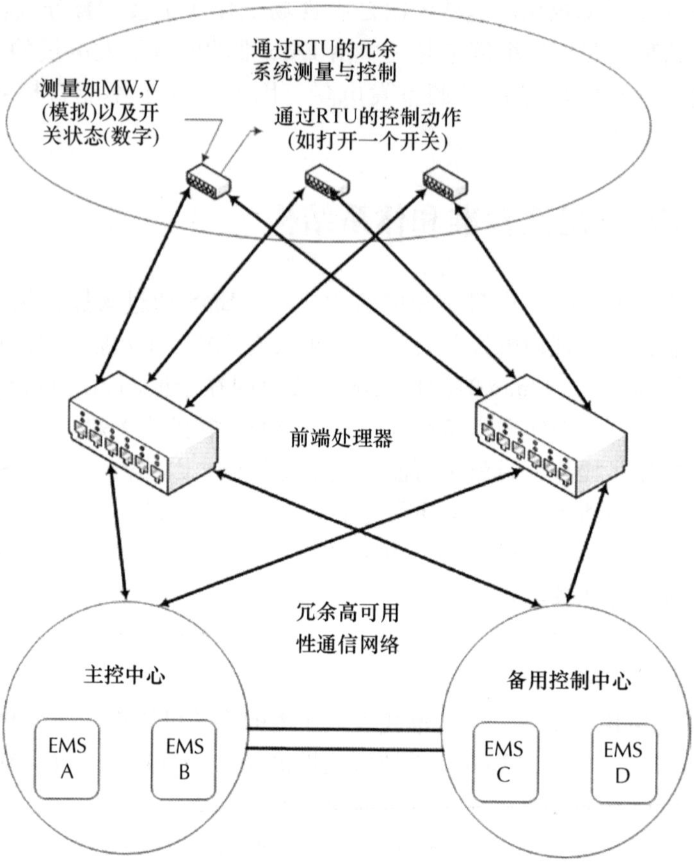

图 10.4　EMS 架构

2）计算机子系统；

3）用户子系统；

4）辅助电源供给。

这些子系统描述如下。

1. 数据采集子系统

如第 2 章中所描述的，数据采集系统的任务是收集和发送数据到控制中心。主要的电力系统参数，如有功和无功功率、电压、频率、水位和断路器的位置被发送到控制中心，用于更新电力系统的数据库模型。该系统的两个主要成分是 RTU 和通信网络系统（Communication Network Subsystem，CNS）。

实际的数据采集是通过 RTU 实现的，现场仪表，如断路器中的传感器或托盘开关接到终端支架，依次连接到 RTU 站。来自传感器的模拟信号（例如，定量值如 MW）提供给 RTU -5，0，+5 之间的直流值，并在 RTU 由模拟数字转换器（A-D）将其转换为数字值。图 10.4 所示状态点，如断路器位置输入到

RTU。RTU 也执行由控制中心发送的控制动作。

该子系统负责从 RTU 到控制中心的数据传输，以及从控制中心由 RTU 所给出的控制动作的传输。它被设计为单一的应急故障，不会导致与 RTU 通信丢失。

2. 计算机子系统

计算机子系统提供以下功能：

（1）SCADA 系统。数据采集、报警处理、用户界面（显示在计算机显示器和墙上的图表信息更新）。

（2）数据库。存储和检索服务。

（3）应用程序的流程。

计算机子系统的主要要求是：

1）总的处理要求是网络分析比所有其他部分相结合要高得多；

2）所有领域都需要一个高访问率的数据库；

3）SCADA 功能必须能应对来自系统外部的高中断负荷。

这些不同的需求，需要一个特殊的硬件设计。计算机性能和计算机中断处理是在一台计算机内不易完成的两个不同的功能。

SCADA 负荷包含大量小的、快速的任务。SCADA 的增长是以复制组件添加更多的监视器和 RTU 的水平增长形式实现的，而网络分析增长是以扩展网络分析所使用计算机尺寸的垂直增长形式实现的。为了适应这些发展，SCADA 部分应逐步扩大添加新设备，以及网络分析电脑应该升级或更换，以容纳更多的功能和更大的电力系统模型。基于这些不同需求，已经出现了不同的体系结构[75]。这些体系结构的差异在于混合不同的计算机来照顾性能和中断的能力。

3. 用户接口子系统

通过能源管理系统收集和处理的信息，可通过人/机子系统控制管理。如图 10.1 所示，主要由几个控制台和一个墙图组成。

4. 辅助电源系统

这个系统，也就是所谓的不间断电源，当控制中心的主要电力供应中断时保证控制中心供电的连续。辅助电源子系统是由两个单元组成的：

1）多台柴油发电机组有充足的燃料，可供控制中心用电 15 天左右；

2）多个能供电持续时间为 1 ~4 小时的电池组，为柴油发电机提供足够的起动时间。

10.3.2　软件概述

能源管理系统软件包括各种决策支持工具以及管理系统所需要的其他管理和支持功能。图 10.5 所示为一个典型能源环境的软件应用程序列表。然后为每个应用程序提供一个简短的说明：

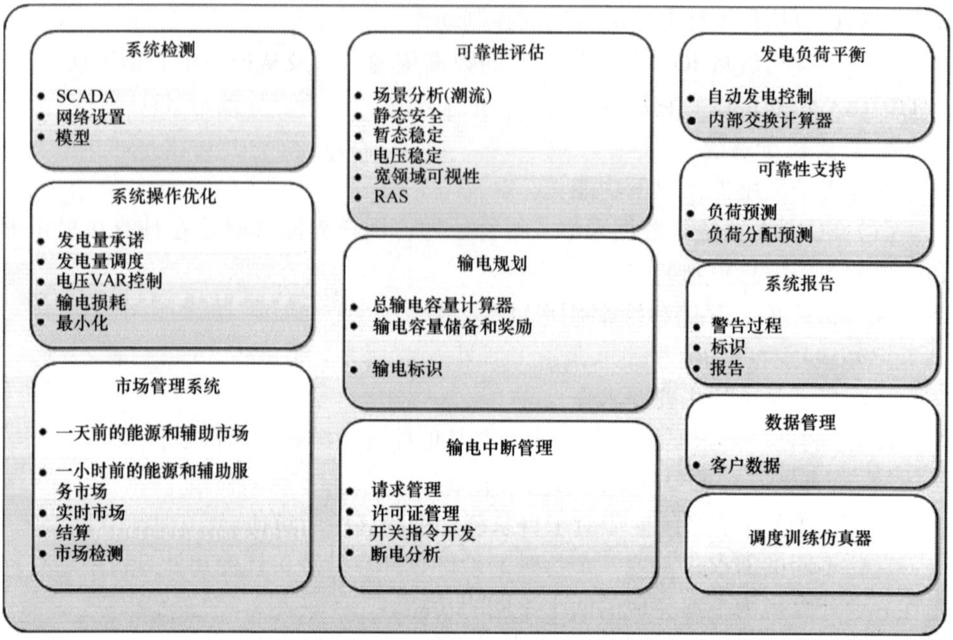

图 10.5　典型的环境管理体系应用组合

(1) 监控。监控和数据采集系统进行数据采集、报警处理、用户界面的更新，以及现场控制动作的执行。

(2) 网络配置。此工具是一个负责维护大容量电力供应的单线图模型。

(3) 状态估计。这是一个数学方法，使用可用的电力系统的测量值来重建所有其他未知的系统状态变量值。

(4) RAS。这些计划的目的意在在正常系统状态下以及可接受的故障后，帮助操作员达到进行适当的补救控制动作故障后的安全违规。

(5) 情景分析（潮流）。本系统采用系统模型、发电量和负荷值来计算系统中所有其他母线的潮流和电压值。

(6) 静态安全（故障分析）。这是一种在正常情况和可接受的故障后确定系统的温度和电压的方法。

(7) 暂态稳定。该工具为操作员提供暂态稳定性极限和补救行动建议。

(8) 电压稳定。该工具提供了电压稳定的极限和操作员的补救措施建议。

(9) 宽领域可视化。该工具在广泛领域上对系统操作员提供了态势感知。

(10) 自动发电控制。该工具通过调节选定的发电机组，根据所测得的系统频率和交换时间表来保证每分钟的发电负荷平衡。

(11) 发电机组。考虑到需要上网的发电机的起动时间和升温速率，这个工具用于处理执行在选择最经济的发电组合（机组组合）所需的必要变化时来满足负荷的供电。

(12) 发电调度。该工具涉及执行选择在线发电机为负荷提供最经济的发电机组设置点时所必需的调整。

(13) 电压无功控制。该工具提供了必要的控制调整，以保持系统电压在可接受的范围内。

(14) 输电损耗最小化。该工具提供了必要的控制调整，以减少输电损耗。

(15) 发电合规性监测。该工具提供了一种审核和合规性的媒介，用于系统操作员检查是否已由发电机组实施了操作员的发电指令变更。

(16) 交换计算器。该工具计算关于互联电力公司以结算和计费为目的的交易。

(17) 可用输电容量计算器。该工具用于在正常系统状态和发生可接受故障的情况下，同时考虑所有安全极限（热、暂态稳定和电压稳定）的条件下，计算可用输电容量。实际上，该工具计算了考虑系统在承受所有危险故障时的输电容量的最大极限。

(18) 输电容量储备和授权。该工具管理反映不同电力公司可用输电能力的一个输电市场。为输电市场参与者提供输电容量存储以及获得授权输电容量数值的信息的能力。

(19) 输电标签。该工具用于电力公司之间特定输电容量存储发生的能源交易所需开发的标签。

(20) 负荷预测。该工具使用一个预测模型，提供系统的负荷预测，该工具考虑了不同的系统参数，如天气条件、温度和时间条件（季节、天、小时）。

(21) 负荷分配预测。该工具将变电站的负荷分配给使用不同历史模型的馈线。

(22) 前一天能源及辅助服务市场。该工具是市场管理系统的一部分，针对市场参与者，通过管理一天前的能源及辅助服务市场，为操作员提供前一天的发电计划。

(23) 前一小时能源及辅助服务市场。该工具是市场管理系统的一部分，针对市场的参与者，通过管理一小时前能源及辅助服务市场，为操作员提供前一小时的发电计划。

(24) 实时能源和辅助服务市场。该工具是市场管理系统的一部分，针对市场的参与者，通过管理实时的能源和辅助服务市场，向操作员提供实时发电计划。

(25) 结算系统。该工具计算各缔约方之间的财务结算。

(26) 市场监测。该工具监控市场信息，并建立市场设计和参与者的异常行为。

(27) 输电中断管理。该工具提供了一个在控制中心和负责实施断电现场工作人员之间的协作工具。该工具提供给用户提交输电中断请求、分析停电的影响、批准中断并制定执行中断的切换命令的能力。

(28) 系统报告。这些工具收集数据、产生报警、进行必要的在线和历史数据汇总显示和报告。

（29）数据管理。该工具管理客户联系信息和其他操作数据。

（30）调度训练模拟器。该工具提供了在模拟正常、紧急情况以及恢复性操作条件下关于手动调度操作训练的一个真实环境。培训建立在使用一个完整的DMS用户界面副本实现讲师和学员之间的互动交流的基础上。训练模拟器有它自己独立的环境。

10.3.3 EMS 中的应用程序序列

在 EMS 中，应用程序通常放置在一个循环序列里来执行一个完整的过程。如图 10.6 所示，一旦在该序列中的应用程序被执行，就会产生一个时间标记。序列的时间周期取决于序列被设计来执行的过程，并且确保在选择的时间周期内所有的应用程序都可以执行。这个循环过程一直持续到系统发生一个大的变化，如一个突然的负荷变动、一个发电变化，或由意外故障引起的网络变化。在这种情况下，考虑当时的系统运行状况，从一开始的顺序重新启动。例如，执行静态安全状态的过程中需要执行的状态估计和故障分析。图 10.7 所示为 BC Hydro 能源管理体系应用程序序列显示。

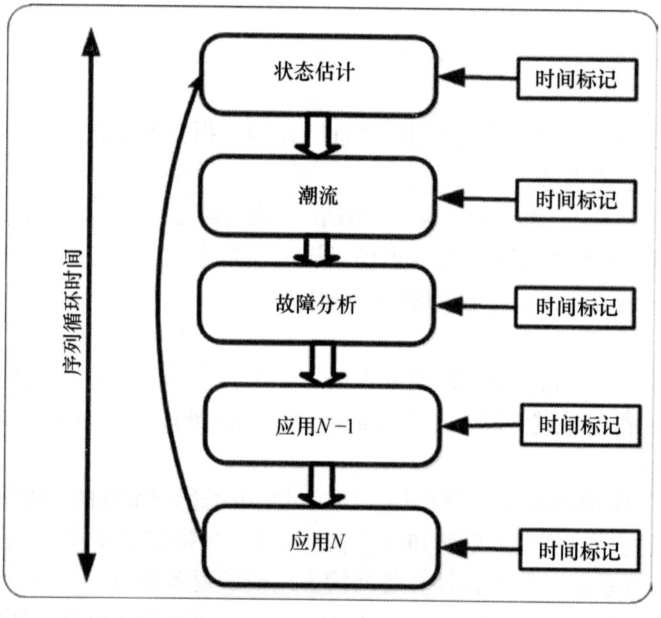

图 10.6 EMS 中的一个应用序列

由于在不同的传输操作过程中使用不同的应用程序序列，因此它可能是构成不同的应用程序共享序列的一部分。图 10.8 作为一个例子，显示了两个应用程序序列，一个分支从另一个分支出来，导致了不同的循环次数。

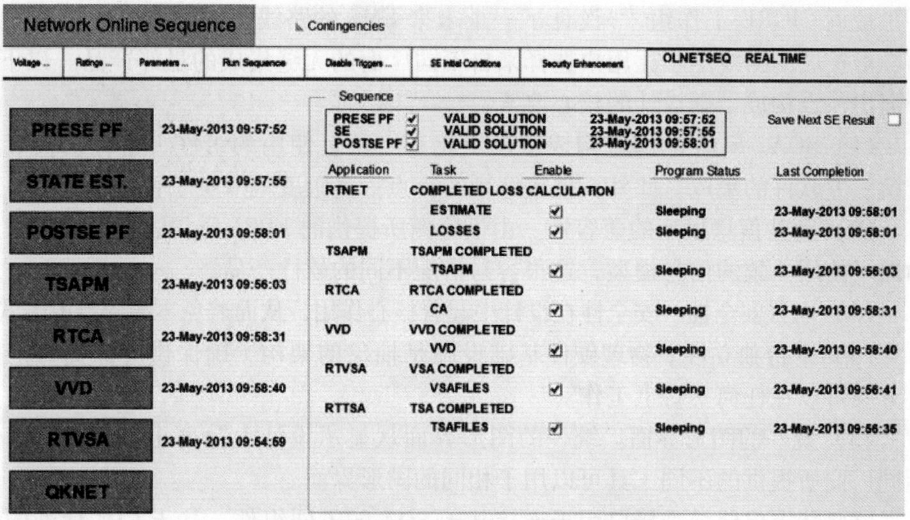

图 10.7　BC Hydro 的应用程序序列显示

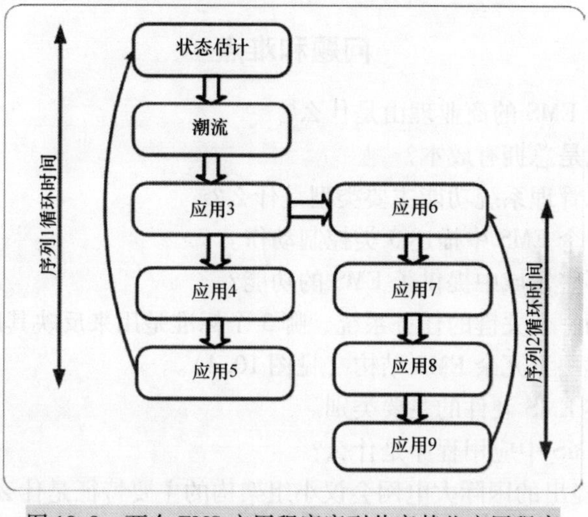

图 10.8　两个 EMS 应用程序序列共享某些应用程序

10.3.4　软件集成

EMS 是控制中心的主要软件模块之一。存在其他的软件解决方案。为了最小化总成本，解决方案既需要适应目前的需求，也要经得起时间的考验[69,71]。为确保解决方案经得起时间的考验，维护和在解决方案的有效期间内，需要尽量减少维护成本的变化。因此，基于面向服务的架构（Service Oriented Architecture，SOA）的新架构解决方案已经被开发，它是一个部分变化而整体不改变的解决方案[69]。

最近 CIGRE 工作组[76]设计了一个未来 EMS 的路线图，这个设计图是开放的、可扩展的路线图，让用户选择来自不同厂商的无缝集成的最好产品。以下 5 个突出特点构成了新设计的核心要素：

（1）SOA。SOA 的部署构成了模块化和可重复使用的组件。这种模式有利于第三方软件的集成。此外，架构解耦的特点最大限度地减少了替换成本。

（2）公共信息模型的兼容性。由供应商所提供的 EPRI 公共信息模型的采用确保了使用一致的信息模型，这很容易搭配不同的软件产品。

（3）内置安全性。安全性在设计中起着核心作用，从而避免零敲碎打的方式。

（4）平台独立性。物理硬件基础设施是抽象的架构，确保供应商提供的解决方案可以在任何平台上工作。

（5）统一的图形界面。统一的图形界面从显示设计上分离出了工具，确保不同厂商所提供的不同工具可以用于相同的图形界面。

这些特点促使标准接口用于连接基于 SOA 的不同组件、基于 CIM 标准的信息模型、基础设施的独立性、内置的安全设计和一个通用的图形界面。

问题和难点

10.1　对于 EMS 的商业理由是什么？

10.2　什么是总拥有成本？

10.3　能源管理系统功能主要类型是什么？

10.4　在一个 EMS 中描述 3 类控制动作。

10.5　在哪些领域中提供了 EMS 的功能？

10.6　作为一个关键的任务系统，哪 3 个标准是用来反映其所需的性能？

10.7　描述一下冗余 EMS 结构（见图 10.4）。

10.8　描述 EMS 硬件的主要类别。

10.9　在 EMS 中应用程序是什么？

10.10　所提出的国际大电网会议小组架构的主要特征是什么？

10.11　描述一个 EMS（见图 10.5）软件组合的一般类型。

第 11 章
配电管理系统

11.1 介绍

与 EMS 管理输电操作不同，配电控制从 20 世纪 70 年代才开始得到缓慢的发展。直到近些年，几乎所有的配电系统都以图 11.1 所示的一种手工墙图的形式进行管理。这种墙图包含配电系统静态网络图，形状类似于纸质地图和图表。操作员手动放置便签和评论页面到墙图上，以反映现行系统的变化、中断和管理系统所需的其他信息。例如，操作员需要知道他们为哪一条系统上的馈线提供了维修许可，或应禁用哪些自动化设备以保证维护现场工作人员的安全。换句话说，直到目前，数据采集任务、系统的可视化和控制才使用手动流程得以实现。

因为不能获得实时信息、系统可视化和控制，所以操作员采取一些低效的方式去执行配电操作流程和功能，比如：

1）配电馈线的合理负荷以及备用容量的评估；

2）评估计划停电的影响；

3）开发开关动作时，一个现场人员应该实现隔离一条线路或者返回服务；

4）手动设置电压不能够捕获系统最低配电系统损耗；

5）建立故障定位、故障隔离和恢复服务需要较多的工作人员手动完成。

DMS 实现的目标是：

1）通过对系统的激励和去磁来提供更好的可视化和控制，以提高安全性；

2）通过适当管理其操作来扩展电力系统资产的使用年限；

3）通过减少系统停机时间来提高系统的可靠性；

4）通过提高系统效率来优化利用现有资源。

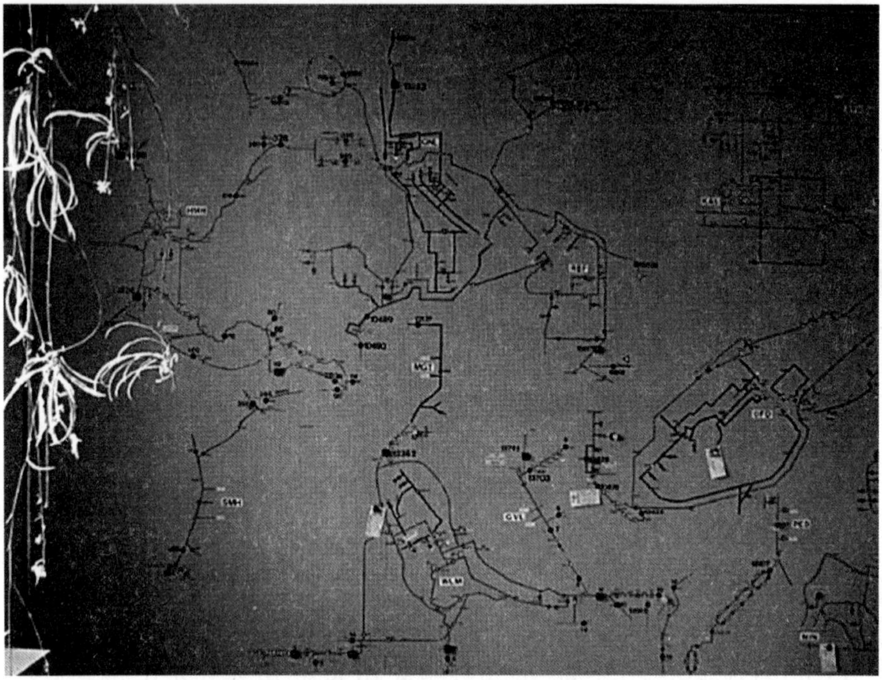

图 11.1　配电操作的传统墙体图

11.2　DMS 功能概述

DMS 是一个集成决策支持系统，根据这一系统，电力公司的配电系统中所有需要操作的方面，由一个主屏幕进行可视化和可操作化处理[77]。先进的算法被用于实时优化该系统。DMS 是 EMS 的配电等效，用来管理一个输电系统的操作。DMS 功能如图 11.2 所示，大致可分为 3 个类别：

1）系统监控；

2）决策支持工具；

3）控制。

DMS 和 EMS 功能的主要区别之一，在于配电系统需要用到的器件数量远远多于输电系统所需的器件数量，关于这一点稍后会详细说明。

DMS 的环境在以下领域中得到应用：

1）配电操作环境；

2）工程研究环境；

3）操作计划环境；

4）培训仿真系统；

5）质量保证体系。

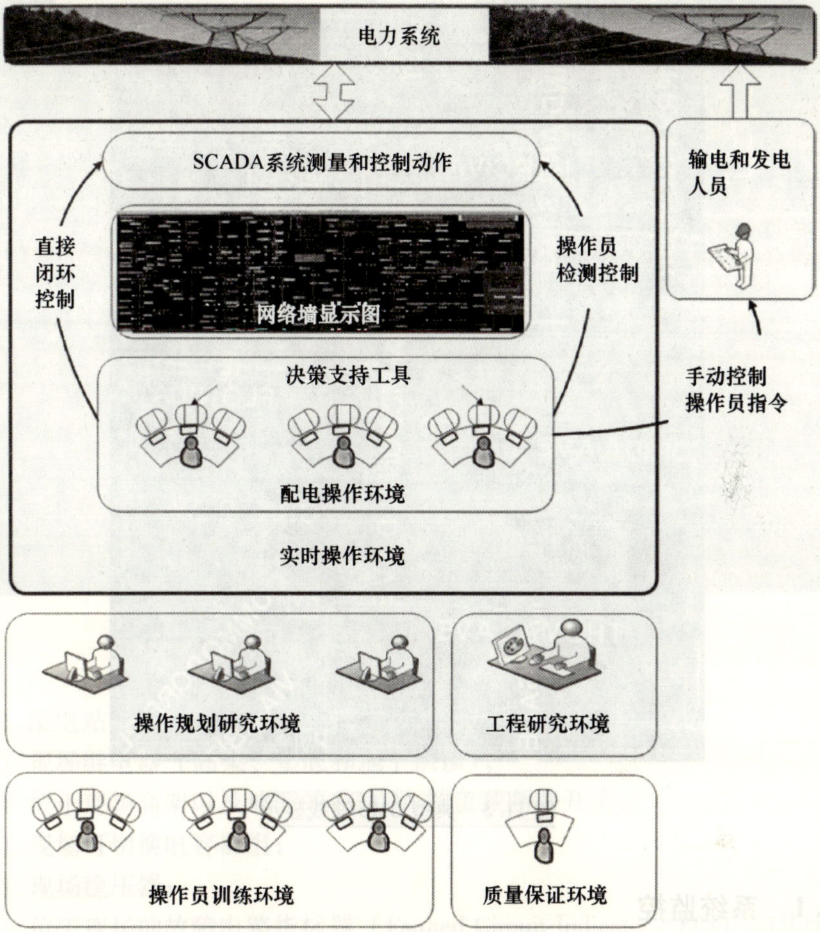

图 11.2　DMS 的功能和功能环境

针对管理配电操作，配电操作环境为操作员提供系统可视化、决策支持和控制。操作规划研究环境用来执行如断电影响分析这样的操作规划。同样的，工程研究环境用来开发历史系统性能指标。研究系统用来对假定的情况进行仿真研究。比如，操作规划工程师可以通过检查由生产系统所生产产品的替代品来确定是否可以安全地使用一条输电线路。为了训练系统操作员，培训仿真环境提供了一个迎合训练场景的环境。这些方案使用脚本来提供系统条件，而这正是操作员面临的和他们需要采取措施克服的。最后，质量保证体系用于在将他们介绍到生产系统之前测试新的应用程序和升级系统。图 11.3 和图 11.4 所示为配电系统提映决策支持工具的一组典型设置的更完整列表将在第 11.3.2 节给出。

每一个类别的应用将会在下面进行详细的说明。

1）评估应用：

① 配电系统建模；

② 状态估计；

③ 负荷估算；

④ 配电网潮流；

⑤ 短路分析；

⑥ 短期负荷预测。

2）优化应用：

① 电压 - 无功优化（Volt - VAR Optimization，VVO）；

② 优化网络重构。

3）恢复应用程序：

① 故障定位、隔离和恢复服务；

② 标记。

1. 配电系统建模

根据 DMS 的应用要求，例如在线潮流和短路分析，DMS 包括一个详细的、最新的、三相电和可连接的电力分布系统模型。系统模型需要被维持，以确保所有的网络变化都能够得以反映。此外，模型需要进行修改，以反映未来持续的添加和更改。

2. 状态估计

类似于 EMS 的状态估计，DMS 的状态估计工具是用可用的冗余配电系统的测量值来重新为所有的系统状态变量赋值。输电和配电状态估计还有一个主要区别，即配电系统不像输电系统，它是发散的。发散系统包括多个变电站支路，无需环状连接以供电给用户。由于其特殊的属性，因此这些系统需要特殊的算法，以确保解决方案的收敛。

3. 负荷估算

由于只有主配电母线的负荷被测量，因此需要一种方法将负荷通过主站分配负荷到其他母线上去。负荷预测机制被要求将主母线负荷分离到配电服务变压器上。这是通过对每个配电负荷的历史负荷曲线实施的。每个母线的历史负荷曲线是由不同母线的混合负荷（如工业、住宅和商业）以及负荷曲线对应的负载类型推导出的。

4. 配电网潮流

配电网潮流程序提供给配电操作员配电系统的电力情况和电网潮流，以此来诊断故障情况，例如支路末端低电压和超载线路部分。这些计算要在网络模型或负载发生任何显著变化的情况下定期初始化。系统操作员还能够启动需求性的研究。

5. 短路分析

在适当考虑故障前负荷的前提下，短路分析功能可以用来计算假定故障条件下三相中任何一相的电压和电流。计算出的故障电流可以用来和开关关断能力或设备故障电流极限相比较。

6. 短期负荷预测

短期负荷预测（Short - Term Load Forecast，STLF）功能是使用历史负荷和气象数据每小时自动预测系统负荷，预测过程持续一段时间，例如一个星期。负荷预测的信息为操作计划的应用提供支持，例如优化网络重构（Optimal Network Reconfiguration，ONR）。STLF 可以通过使用天气预报方法或相似预报，或者两者结合的方式获取结果。在天气预报方法中，负荷预测可以由天气预报的特性得到。相似预报将一年中有不同现象的时间整合成一个组合，通过这个组合对未来可能出现的情况进行预测。这个方法的最后一个步骤就是将过往的数据和情况进行分类，之后在再次出现相同情况时自动采取正确的方式进行更正。

7. 电压 - 无功优化

电压 - 无功优化（VVO）确定最优控制措施以尽量减少目标功能，如负载需求或能源消耗，同时保持在所有馈线地点可接受的电压和负荷。控制措施的示例包括：

1）变电站变压器控制 LTC；

2）位于变电站和现场的三相以及单相的电压调节器；

3）带有有效监控的连接着配电系统的发电机；

4）位于现场的可切换电容器组。

VVO 采用智能电表测量来完成其功能。由于智能电表测量的周期较长（如 5min），因此这些测量被称为近实时测量。图 11.5 所示为在经过 VVO 控制前后带载母线的电压分布图。VVO 通常将带载母线的电压降低，同时减小负荷需求。VVO 有一个特点，就是如果在传感组件设备或控制不起作用时放弃其控制动作，那么此功能被称为故障安全设计。

8. 优化网络重构

ONR 功能提供必要的推荐的控制动作去实现目标功能，同时不能违反任何负荷或支路电压约束规则。目标功能的实例可以包括：

1）最小化所选馈线组中的总电力损耗；

2）最小化所选馈线组中最大的峰值需求；

3）平衡所选馈线组之间的负荷（例如从重负荷馈线到轻负荷馈线的转移负荷）。

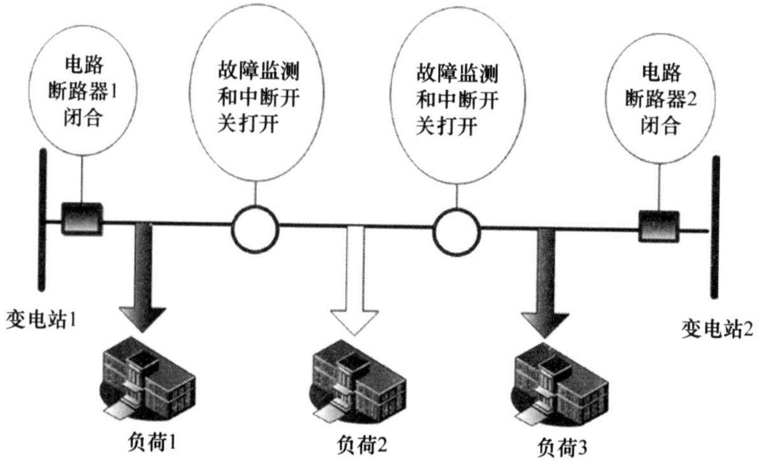

图 11.8 FLISR 操作通过打开两个开关并关闭第二电路断路器 2 来隔离故障以最小化负荷 2 的损耗

10. 标记

DMS 有能力在任何设备上放置标签，以禁止某些按照操作程序涉及设施的远程控制命令。标签的一个例子是“重合器关闭的标签”，其特指由于工作电路或其他原因，自动关闭了重合闸。

11.2.3 DMS 控制动作

DMS 能够控制位于配电变电站和现场的电力系统设备。被控的电力设备包括断路器、重合器、电动机操作的分段开关、变电站有载调压开关、变电站和馈线电容器组、变电站并联电抗器、电压调节器、分布式发电设施以及其他高压和中压设备。

DMS 可以进行 4 种控制动作：

（1）直接闭环控制。这个控制操作直接由 DMS 执行，无需操作员干预。这种控制动作的一个示例为直接关闭故障位置模式、隔离以及服务恢复工具。当检测并中断故障时，该工具标识必要的网络重新配置，以最小化负荷损失。

（2）咨询控制。在这种模式下，DMS 为执行提供控制建议。操作员使用他（或她）的自由裁量权判定这个控制建议是否应予以实施。这种方式的一个例子是控制动作将故障定位、隔离和服务恢复功能或 VVO 功能来为操作员提供操作建议。

（3）操作监督控制。这些控制是由操作员通过 EMS 来执行的。这种控制的一个例子是操作员打开 SCADA 启用控制开关。

（4）操作员手动控制。这些控制动作是操作员无法对设备远程操作时使用的。操作员需要电话通知一个工厂操作员打开开关，因为他（或她）没有直接的开关控制。

11.3　DMS 架构

DMS 对系统运行关键功能有高效性的要求，这一特性使得 DMS 具有双冗余或 4 倍于 EMS（见图 9.2）的设计。

11.3.1　硬件概述

DMS 硬件概况类似于 EMS，通常包括以下子系统：

1）数据采集子系统；

2）计算机子系统；

3）人/机子系统；

4）辅助电源子系统/不间断供电电源。

DMS 和 EMS 硬件的主要差别之一是 DMS 需要监测和控制大量配电网络组件（即数据采集子系统）。

11.3.2　软件概述

DMS 软件由各种决策支持工具以及其他 DMS 工作所需的管理和支持功能组成。图 11.9 所示为一个典型的 DMS 软件清单。以下对每个软件进行简要说明。

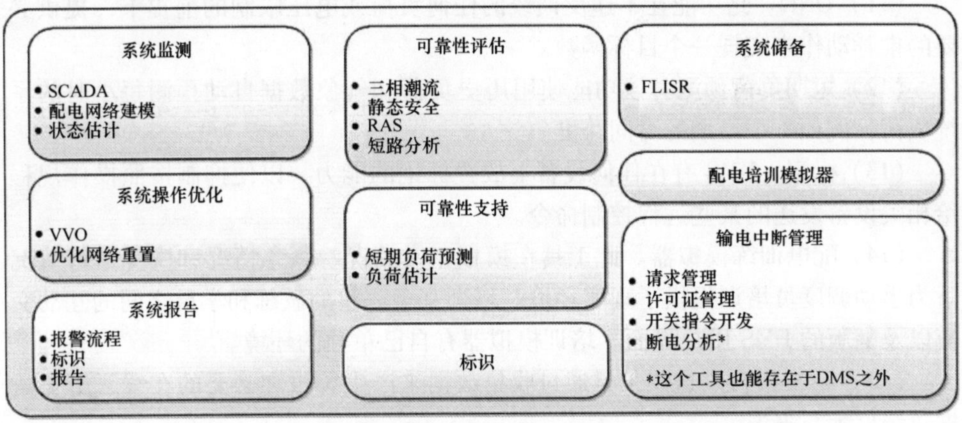

图 11.9　典型的 DMS 软件清单

（1）SCADA。监控和数据采集系统，进行数据采集、报警处理、人/机子系统更新以及执行所在领域的控制动作。

（2）配电网建模。此工具是负责维护主要供电的单线图模型。

（3）状态估计。这是使用可利用的电力系统测量值重建所有其他系统未知状态变量的数学方法。

（4）RAS。这些程序旨在通过适当的补救控制措施，帮助操作员在系统正常情况下以及可接受的故障发生后去纠正任何安全违规。

（5）潮流。此程序给配电操作员提供三相配电系统中的电况和潮流，目的是在馈线异常状况下建立故障定位，如馈线终端低电压和重载线路部分。

（6）静态安全（故障分析）。这是一种在正常情况下和可接受的故障后确定系统温度和电压的方法。

（7）负荷估计。为了把主母线上的负荷分配到几个配电变压器上，负荷估计装置是必需的。

（8）短路分析。在适当考虑故障前负荷条件下，短路分析功能用来计算假定故障条件下三相中任何一相的电压和电流。计算出的故障电流可以用来和开关关断能力或者设备故障电流极限相比较。

（9）VVO。VVO 决定最优控制动作，以便最小化目标函数，如负荷需求或能源消耗，同时保持所有馈线位置的电压和负荷可接受。

（10）FLISR。FLISR 是一种当故障发生时，应对故障的恢复功能。该功能通过使用监控设备（如断路器、继电器、自动线路开关、联系开关、故障检测器和其他监测与控制的设施）来减少客户中断的数量和恢复系统供电的时间，从而帮助其提高系统的可靠性。

（11）ONR。此功能在不违反馈线的任何负荷或电压限制的前提下，提供必要的推荐动作来实现一个目标函数。

（12）短期负荷预测。该功能使用历史负荷和气象数据自动预测每小时的系统负荷，例如一个星期的时间跨度。

（13）标记。DMS 有在任何设备上放置标记的能力，以便抑制按照操作规程给相关设备发送的某些远程控制命令。

（14）配电训练模拟器。此工具在模拟正常情况、紧急情况和恢复运行情况下为手动调度员培训提供了现实环境。培训基于完整的教练和学员之间的互动交流以及翻版的 DMS 用户界面。培训模拟器有自己单独的环境。

（15）系统报告。这些工具通过收集数据来产生警报和必要的在线、历史数据总结显示与报告。

11.3.3 DMS 应用集成

DMS 是配电运行和控制的主要软件模块之一。DMS 也需要集成其他软件方案。为了确保一个方案经得起时间的考验，应使该方案在使用期限内的维护和运营成本的变化需要达到最小化。出于这一原因，当前的架构方案使用面向服务体系架构（Service - Oriented Architecture，SOA），以便集成 DMS 与其他系统外部的系统。该方案最小化了由于一个系统的改变所引起的必需的集成工作的调整[69]。

通过发展 DMS 的内部架构，由 CIGRE 任务组[69]为未来 EMS 设计开发的路线图同样适用于 DMS。这一未来的设计是开放和可扩展的，使用户能够从无缝集成的不同供应商中选择最佳类型。正如第 10 章所阐述的，构成所提议设计的核心要素的 5 个显著特征如下：

1）SOA，促进第三方激活一个部件变化的集成；

2）EPRI 公共信息模型的兼容性，使用一致的信息模型；

3）内置的安全性，避免零碎补丁；

4）平台独立性，确保解决方案能够在任何平台上运行；

5）统一的图形界面，使工具与显示设计分离。

图 11.10 所示为多个与 DMS 相交互的系统以及它们的信息交换。

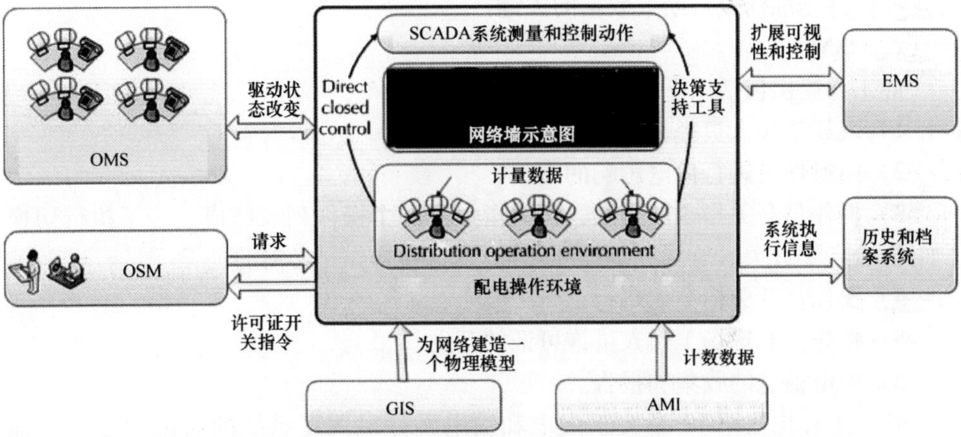

图 11.10　DMS 与其他系统的交互

1）恢复或停电管理系统（Restoration or Outage Management System，OMS）；

2）停机调度系统（Outage Scheduling System，OSM）；

3）地理信息系统（Geographical Information System，GIS）；

4）先进仪表管理系统（Advanced Meter Management System，AMI）；

5）EMS；

6）历史和数据档案系统。

一个外部系统与 DMS 交互功能的描述给出如下。

1. OMS

通过收集客户的停电情况并协助系统恢复，该工具提供了与客户进行信息交流的环境。OMS 的主要功能包括[78]：

1）定位可分离带电系统和由故障引起的断电系统的系统终端点（如保险丝或断路器的位置）；

2）使用相关标准，例如故障的危险程度、规模和持续时间来组织和排列恢复任务；

3）估计和规划所需人员并管理人员；

4）提供停电和受到影响的客户信息，估计恢复时间。

现代停电管理系统是一个详细的配电系统网络模型。它使用 GIS 作为该网络模型的输入源进行实际故障定位。它还与 DMS SCADA 集成，以保持其系统中的电气模型处于最新状态，进而准确地进行停电预测并跟踪不同客户的停电或供电状态。通过使用该模型并跟踪开关、断路器、熔断器的开合状态，网络跟踪功能可以用于识别每一个停电客户，以及他们的第一次停电时间和恢复供电时间。跟踪这些信息是准确报告断电数据的关键。

2. OSM

此工具提供包括以下功能的企业解决方案：

1）现场工作人员提交断电要求；

2）由操作员进行停电影响的评估；

3）操作员开关指令的开发，开关指令由一个操作列表组成，为了执行切换（如开/合各类开关、查封、接地和标记），这些操作是必需的；

4）操作员开关指令的执行；

5）操作员对现场工作人员许可证的开发；

6）停电信息的收集和报告。

这个工具将在第 12 章关于配电和输电网停电调度系统的讨论中更详细地说明。

3. GIS

配电网建模包括反映开关和断路器状态的动态网络模型。这种模型为配电操作员补充了网络的 GIS 模型，以帮助他们获得网络模型的物理概念。GIS 提供最新的网络连接信息，以及配电系统元件的电气和物理特征信息。GIS 提供关于配电线路的物理细节，包括线长、结构类型、导体排列和间距、线径、导体的数量、电路类型（架空线路、地下电缆等），以及其他这样的信息。此工具负责创建大量电力供应的单线图模型。地理信息系统和 DMS 之间的接口提供了从 GIS 数据库向 DMS 交换数据资料的方法，这些数据资料反映了网络的初始物理状态以及实时发生的变化。

4. AMI

该接口允许向 DMS 近实时（如每 5 分钟）地传送仪表信息，提高可视化程度。

5. EMS

这个接口允许 DMS 与 EMS 系统之间监测和控制的交换。例如，某些输电设备监控可转移到 DMS 以获得更好的可视化程度。在配电系统中一些控制装置的控制（如打开一个开关）也可以转移到 EMS，反之亦然。

6. 历史和数据档案系统

历史和数据档案系统提供用于系统分析的存储系统状况及其检索的方法。

问题和难点

11.1　DMS 的优势是什么?

11.2　比较 DMS 和 EMS 所需设备装置数量。

11.3　DMS 功能的主要类别?

11.4　3 类 DMS 应用?

11.5　DMS 在哪些领域提供功能?

11.6　描述 VVO 的功能。

11.7　描述本地和集中 FLISR 的功能。

11.8　描述最优网络重新配置功能。

11.9　描述两类 DMS 的测量。

11.10　描述 DMS 接口系统。

第12章
不断发展的电力系统操作解决方案

12.1 介绍

本章涵盖电力系统操作解决方案的演变和目前发展水平。这些解决方案涵盖不同领域的输电和配电操作，有着不同程度的成熟度，将在不同的时间框架内用于生产部署。为了提供进展成熟的内容，本章给出的解决方案分为以下3个可用时间段：

1）现成的；

2）中期（如5年）；

3）长期（如10年）。

12.2 不断发展的操作解决方案

12.2.1 在线暂态稳定

如第5章所述，离线暂态稳定极限的推导是通过大量的离线时域仿真得到的，这些仿真反映在系统正常（即系统所有单元处于服务状态）和系统一个单元的服务离线时发生一些严重故障后的系统动态响应。针对操作条件的不确定性，对于一个离线服务单元操作条件的研究，有必要留出一定的余量。由于维护和被迫断电，因此实际系统很少有所有单元处于服务状态的情况。与离线方法相关的问题是：

（1）由于事先不知道当时的操作条件，因此应选择研究期间最坏的操作条件（如冬季）。这导致了在推导极限时一定程度的保守。

（2）由于事先不知道当时的网络条件，因此正常系统模型和有一个关键单元处于服务离线时的系统模型在仿真中都应被考虑。根据现行的系统网络模型，这种假设可能会被证明是错误的。如果系统遭受严重故障，则这个假设会创造一定程度的非保守性。

（3）由于事先不知道当时的系统网络模型，因此考虑的故障可能是无用的，这样会带来一定的风险。

（4）离线极限推导是一个工程密集型的任务。

作为一个例子，假设我们想知道一个 1000 母线系统在发生了 50 次严重故障情况下的冬季暂态稳定极限。我们继续假设，基于系统维护需求，我们考虑可能会发生 10 次严重的系统断电。离线计算通过以下步骤来计算极限：

（1）在最恶劣的系统状态情况下研究（如冬季高峰）。

（2）“系统正常”（没有系统单元离线）情况下，针对 50 次严重故障推导暂态稳定极限。

（3）使用带有一个故障单元的系统（如 10 个脚本），针对 50 次严重故障推导暂态稳定极限。

（4）将结果归档并使用它们来设置流程以确保系统稳定。

这一过程表明，我们需要进行 550 次暂态稳定极限计算（11 个基本案例脚本，其中每个脚本考虑 50 次严重故障），这都是基于最坏的场景条件（如冬季高峰）。

另一方面，在线暂态稳定使用一个每隔几分钟（如 5min）的系统目前状况的实时快照并计算 50 次严重故障的极限。因此，尽管这个过程每隔几分钟（如 5min）会重复，但极限计算的数量却只有 50。对于那些计算，考虑目前的网络状况，没有必要针对其他网络模型状况（如一个单元处于服务离线）进行极限计算。此外，因为目前所使用的负荷条件不是最坏的情景条件（如冬季高峰），所以结果要更准确。

上述的讨论表明离线极限计算得到的近似极限要么太保守要么不保守。如果极限保守，则现有输电线路容量不能被完全使用，导致效率降低。另一方面，如果极限不保守，则推导的极限会造成系统不稳定。而且，离线推导的过程需要很长的时间，效率极低。基于这些原因，基于时域的在线暂态稳定方法已经发展起来。在线暂态稳定使用当前的系统和网络条件去建立暂态稳定极限，并在循环的基础上（如每隔 5min）对于不同的严重故障实施补救措施。使用时域仿真工具的这些方法和那些用在离线模拟的此类方法相似。他们最大的优势是具有模拟所有与离线极限推导一致的模型和过程的能力。

图 12.1 所示为一个由在线 TSA 工具提供的典型操作区域的诺莫图。操作员

要确保操作点没有背离操作区域。

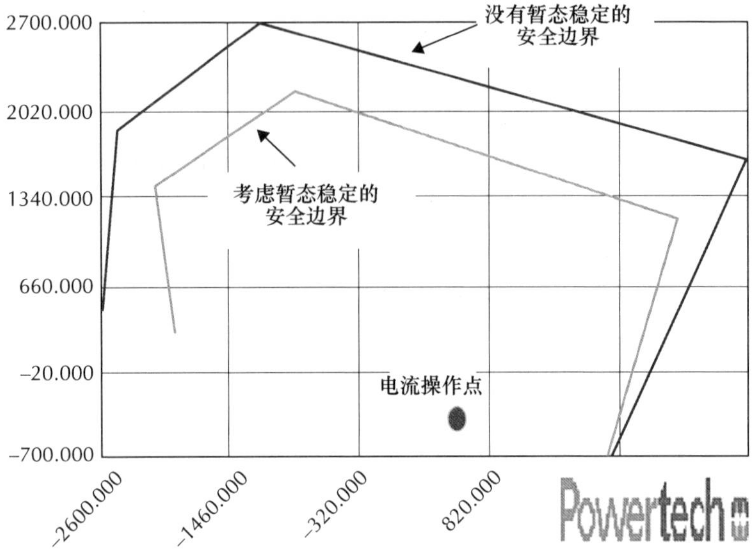

图 12.1 一个由在线 TSA 工具提供的典型操作区域的诺莫图

因为在一个在线暂态稳定计算中考虑所有可能的故障是不可能的，所以需要快速方法来筛选和排列那些故障。这些方法通常属于以下类别：

1）能量方法[82-84]；

2）单机无穷大母线方法[84]；

3）模式识别方法[85]。

能量方法是基于定义的系统能源函数的概念，反映了系统的动力学。使用定义的能量函数，系统的稳定边界可以直接确定。这个方法的优势是它们的速度，而缺点是针对故障的筛查和排序必须就它们的速度和准确性进行妥协[82,84]。

单机无穷大表示[1]需要把系统还原到一台机器，从而可以利用等面积原理推导出极限。此外，这个方法的优势是速度快，而缺点是其准确性差。因此，这个方法适用于故障的筛选和排列[84]。

模式识别方法使用大量的样本，并利用一些关键的参数试着获得一个常见的模型，这个模型随后将用于不同的新样品的分类。和其他近似的方法类似，这个方法花费的计算时间较短，但缺乏准确性[85]。

一个在线暂态稳定方法需要先进的应用程序对故障进行筛查和排列以及极限的计算。它还需要一个灵活的规则工具以便轻松地定制业务规则。一个完整的在线暂态稳定的解决方案可用于中期时间框架内。

12.2.2　在线电压稳定

如第 6 章所述，离线电压稳定极限是通过大量的离线时域模拟反馈系统动态响应时得到的，模拟环境为在系统正常（即所有单元运行）和“有一个单元的服务离线的系统”下发生的一定数量的严重故障。

类似于离线暂态稳定评估，离线电压稳定评估有以下特性：

（1）由于事先不知道当前的操作条件，因此应选择研究期间最坏的操作条件（如冬季）。这导致了在推导极限时一定程度的保守。

（2）由于事先不知道当前的网络条件，因此正常系统模型和有一个关键单元处于服务离线时的系统模型在仿真中都应被考虑。根据现行的系统网络模型，这种假设可能会被证明是错误的。如果系统遭受重大故障，则这个假设会创造一定程度的非保守性。

（3）由于事先不知道当前的系统网络模型，因此考虑的故障可能是无用的，这样会带来一定的风险。

（4）离线极限推导是一个工程密集型的任务。

在线电压稳定工具可以从能源管理系统实时访问当前的系统状态和拓扑结构。这仅允许使用工具研究适当的系统条件，避免不必要的情况和过于保守的假设。在当前系统条件下发生严重故障后，电压稳定评估仅仅反映系统的动态性能。在线电压稳定的另一个特点是它们的计算极限使用较少的不确定性，且需要更少的安全裕度。

近年来，在线电压稳定工具已经发展到可以在循环的基础上（如 5min）计算电压稳定裕度，并建议必要的补救措施以符合标准[86,34]。应该重点注意在线电压稳定方法是以与离线电压稳定相同的过程和建模精度以及相一致的方式来计算电压稳定裕度的。

图 12.2 所示为由 BC Hydro 公司在线电压稳定项目的 EMS 提供的一个操作区域。操作员确保操作点没有背离操作区域。

因为在线电压稳定计算不可能考虑所有的可能故障，所以需要的快速方法是筛选和排列这些故障[34,39]。如果发生任何可接受的故障后发现系统电压不安全，则该工具应该能够推荐可预防的或能纠正的控制行为去提高系统的电压安全性。这些需求要通过扩展在线电压稳定工具的功能来实现：

1）故障选择和筛选；

2）电压安全评估；

3）提高电压安全性。

一个在线电压稳定的解决方案是随时可用的部署。

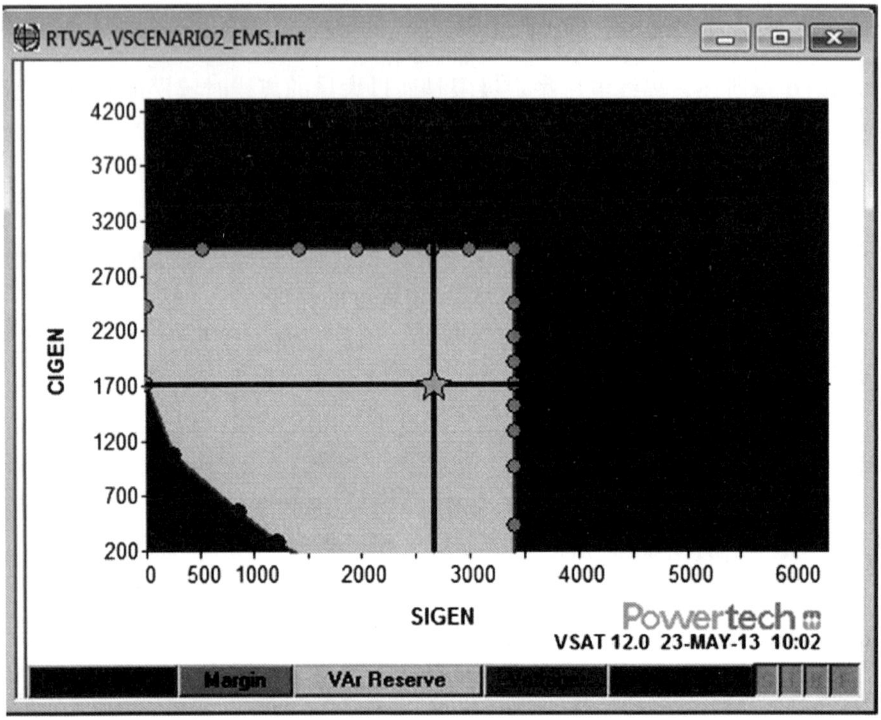

图 12.2　BC Hydro 公司在线电压显示

12.2.3　总传输能力计算器

总传输能力（Total Transfer Capability，TTC）被定义为以可靠的方式通过线路或互联的输电网络传输电量的数量。换句话说，一个被定为最大潮流的联锁电力网的 TTC 应满足下列条件：

1）电压分布和发热极限内的故障前条件；

2）电压分布和发热极限的故障后条件；

3）在正常系统条件下或者发生任何（$n-1$）次严重故障条件下，能够确保目前系统不发生电压不稳的故障前后的电压稳定极限；

4）在伴随任何（$n-1$）严重故障后，同时在能够确保系统稳定的暂态稳定极限范围内的故障后条件内，不会引起系统暂态不稳定。

为了可靠地操作这个系统和确定可用输电能力（Available Transfer Capability，ATC），必须计算传输系统不同线路的 TTC。ATC 是可以用来提供传输服务的输电量。

NERC 已经要求[87]电力公司在他们的联锁电力网上公布 ATC，来促进不同电力公司之间的电力贸易。电力公司需要在“实时”和“预调度”这两个时间周期发布这个信息。从下一个小时，实时调度会包含若干个小时（如 12 小时）。预调度包含 3 个不同的时间框架：

1）大约一周（如 168 小时）的每小时 TTC 计算；

2）大约一个月（如 30 天）的每天 TTC 计算；

3）大约一年（如 52 周）的每周 TTC 计算。

利用这些计算把 ATC 公布在联锁电力网上长达一年时间，以便电力公司可以接受在先来先服务的基础上针对联锁电力网使用的传输记录。在调度期这些计算被重复，见表 12.1。

表 12.1　TTC 计算时间周期和计算周期

时间周期	TTC 计算的典型数量	典型计算周期
实时（每小时）	12	每小时
预调度（每小时）	168	每天
预调度（每天）	30 个峰值和非峰值	每周
预调度（每周）	52 个峰值和非峰值	每周

为了适当地计算 TTC 的值，必须按照以下步骤进行：

1）开发所要研究场景的系统状态基本情况的反馈（约 330）。这将需要负荷预测、发电预测、发电调度和断电。

2）模拟带有（$n-1$）个确定严重故障的系统条件：

① 符合发热极限和电压分布极限的静态安全极限；

② 暂态稳定极限；

③ 电压稳定极限。

3）使用最小的 3 个极限计算 TTC 极限。

图 12.3 所示为 BC Hydro 公司的 ATC 计算显示和实时时间周期（12 小时）的典型结果。

NERC 承认存在有与 TTC 计算相关的不确定性，这些不确定性由许多因素引起，如负荷预测、传输拓扑结构、发电调度，以及需要估计和考虑的不确定性的影响[88,89]。

一旦计算出 TTC 值，就将它们放到一个叫做开放获取相同信息系统（Open Access Same Information System，OASIS）的传播市场网站上。依照联邦能源管理委员会（Federal Energy Regulatory Commission，FERC）开放的输电通道规则，输电客户可以在先出现先服务的基础上预留长达一年的输电量。

一个准确的 TTC 方法需要在线暂态稳定和在线电压稳定工具。该解决方案

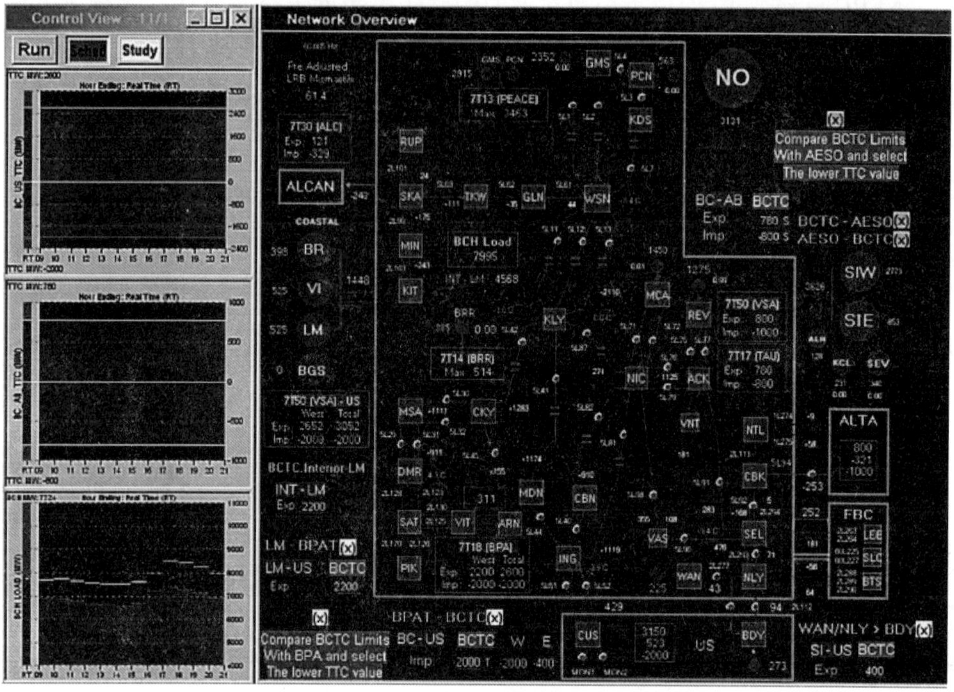

图 12.3　BC Hydro 公司的 ATC 计算显示

预计在中期时间框架内可以使用。

12.2.4　输电中断调度系统

输电中断调度系统提供一个协作工具来执行与计划断电相关的任务。它还提供了一个方法来记录计划内和计划外的断电事件，以便未来进行可靠性分析。如图 12.4 所示，输电中断调度系统提供以下功能：

（1）请求允许。如果信息不够充分，那么该功能允许现场人员发送断电请求，验证断电请求信息，并拒绝断电。这通常是使用一个表格、屏幕或一条单线图来完成的。

（2）计划/报告。当确实可能时，这个任务是让控制室人员评估断电的可靠性影响以及计划断电。在理想情况下使用一个先进的可靠性方案评估环境，例如存在于一个或多个 EMS 下的解决方案。

（3）开发和执行开关指令。在这个任务中，控制室工作人员制定切换命令来隔离设备。这个可以使用通过断电的隔离点自动创建的动态网络连接模型来自动地实现。如果不能完成自动转换，则开关指令从控制室或者通过联系现场人员来自动执行。

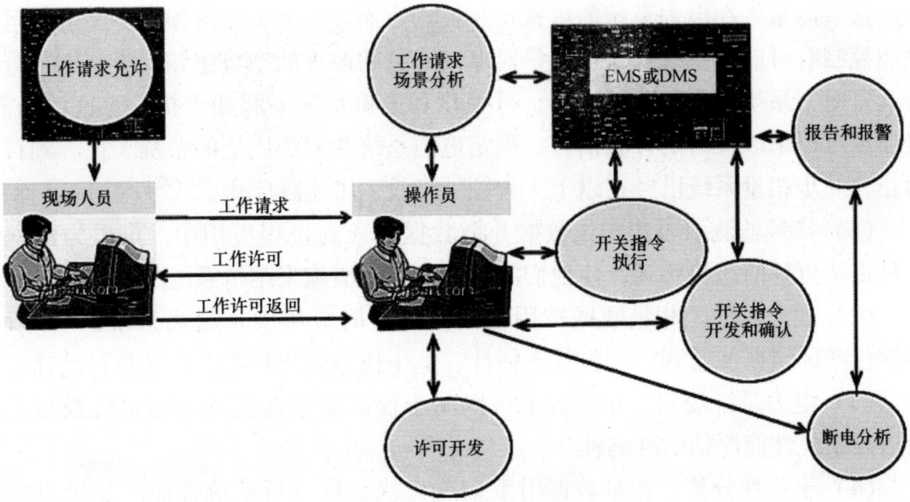

图 12.4　断电调度流程图

(4) 执行许可证和恢复许可证。随着开关指令的执行，操作员开发了保护许可证。作为这个过程的一部分，在模拟图上标记故障隔离点以确保控制室人员不会无意中让故障继续运行。然后操作员发送许可证给现场人员以便他们可以在故障处开始工作。一旦工作完成，现场人员将许可证交还给操作员，这样他（或她）就可以开始恢复系统。

(5) 开发和部署返回开关指令。一旦现场人员送还许可证，系统操作员就需要开发一个返回开关指令以便装配系统。该工具将被用来创建开关指令，可以被操作员用来自动开关或者传递给现场人员手动开关。如果开关指令由现场人员执行，则状态将会报告给操作员。

(6) 事件和故障分析。系统通常会存在许多计划外的故障和事件。操作员需要这个功能来记录这些事件以用来系统恢复和可靠性分析。

传输断电调度系统解决方案被要求在中期时间框架内可用。

12.2.5　同步相量系统

同步相量系统提供准确、高速的电网测量，如高速的电压、电流和有功功率。一个典型的相量计量单位（Phasor Measurement Unit，PMU）每秒 30 的采样率与每两秒一个 RTU 的测量的采样率相比较。与传统 RTU 测量相比，增加的 PMU 测量采样率提供了惊人的清晰度。这种情况已经堪比由核磁共振成像与 X 射线机所提供的清晰度[90]。

根据一个共同的时间基准，每个 PMU 测量是可实时追踪的。时间标记允许同步和组合不同位置的测量，提供一个精确的、全面的、互联的场景。

这些测量将在电力系统的可视化和控制方面开拓一个新的领域。高速的可视化和控制有可能给系统操作员提供对电网问题的改进的态势感知。当他们进行实时开发时，系统操作员可以识别、可视化和分析系统漏洞和干扰。有这项功能，操作员可以采取及时的补救措施，稳定电力系统和避免广泛的系统干扰。到目前为止，同步相量系统已经在以下4大领域中投入了实际应用[90-92]：

（1）广域监测。收集相量数据并把数据输入到过程应用中，可以为电网操作员提供更好的态势感知，使他们能够开发补救措施来维持系统的可靠性。

（2）实时操作。相量数据被用在不同的实时应用中来提高系统的可靠性。举例包括区域振荡监测、增强状态估计、电压稳态监测和改进的补救行动计划。

（3）电力系统规划。相量数据可以用于校准使用在仿真中的系统模型，从而提高系统性能评估的准确性。

（4）干扰性分析。相量数据用于在重大扰动后分析系统性能。显示出电网状态的PMU存档数据，并且可以用来分析确定一系列事件和干扰的原因。

图12.5所示为2012年11月的PMU装置。由于美国政府的资金刺激，今年

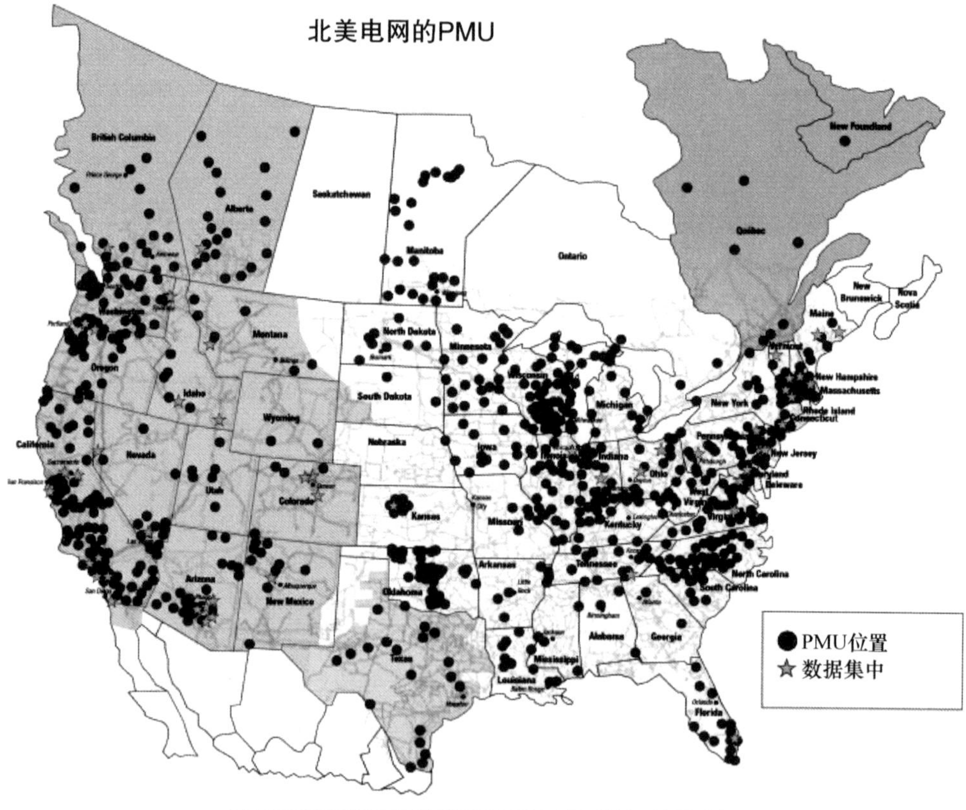

图12.5 截至2012年11月12日的北美PMU装置

PWU 的使用量已经增加。根据网络提供的广域传输系统的报道，到 2014 年前这项投资将促进超过 1000 所 PWU 的部署。而且，北美同步相量计划已经建立，通过广域测量和控制可以提高电力系统的可靠性和可视化程度，进而继续推进技术成熟度和部署向前发展。近年来尽管所有的更高水平的研究和开发，PMU 技术仍有方法去获得它承诺的潜力。北美最大的技术标杆公司高德纳公司，已经把这项技术放在“泡沫化的低谷期”[93] 的评级分类里。这一类属于他们还没有实现预期潜力的技术。

虽然基本同步相量应用可以随时调用，但预计更成熟的同步相量应用在中期时间框架内才可用。

12.2.6　配电自动化

配电自动化（Distribution Automation，DA）使电力公司能够远程监控配电设备，搜集系统和设备信息，然后在有（或没有）操作员介入的情况下，采取适当的控制措施去应对系统异常，以及调整动态负荷或实现优化目标。

DA 通过提供通信和设备，使所有的 DMS 拥有高级功能，可以被认为是配电管理系统的贡献。DA 在变电站和配电站使用智能电力设备和智能电子设备（Intelligent Electronic Device，IED）去监控、保护和控制配电网络，如自动定位、隔离和恢复故障。

DA 包括许多功能，例如：

（1）优化配电系统的性能。这包括部署 DMS 和它所有的先进系统的可靠性和安全性应用，比如故障管理、能源效率和减少损耗，并通过负荷平衡和需求管理来提高产能利用率。

（2）先进的保护、控制和监测能力。这包括先进的 IED 和智能电力系统设备的使用，这些设备允许远程保护设置和远程配置更改。这些装置和设备保证安全，同时使配电网更动态且适应不断变化的配电网络配置、间歇性能源和负荷多样性，例如，需求响应（Demond Response，DR）和 PEV。

（3）改进的分布式发电（Distributed Generation，DG）或分布式能源（Distributed Energy Resoures，DER）集成。分布式发电[94] 从许多分布非常接近负荷中心的小能源处发电。这些新兴能源的资源整合需要改进它们的可视化、预测、调度和控制。

（4）提高资产投资规划、维护和操作。这包括更新配电计划、维护和适应配电自动化的操作指南。

（5）建立 DA 通信基础设施。就潜在因素、可用性和安全性而言，为使 DA 能够达到传递服务的水平，这还包括建立通信解决方案。

由于涉及整个配电系统的安装，因此 DA 的投资是巨大的。期望成熟的 DA

应用在中期时间框架内能够使用。

12.2.7 动态热功率系统

通过设计，输电线路可以具有最大热功率。这一极限表明了可以被安全传输的最大功率或电流。超过发热极限可能会由于过热而导致导线下坠至太接近地面或损害导体。

为了获得通过线路的最大电流，给出一个可以使用的热量平衡方程[95]如下：

$$Q_{\mathrm{loss}} + Q_{\mathrm{sun}} = Q_{\mathrm{rad}} + Q_{\mathrm{con}} + mC_{\mathrm{p}}\frac{\mathrm{d}T}{\mathrm{d}t}$$

其中，Q_{loss}为设备损失的热量，它是电流I的函数；Q_{sun}为能被测量和计算的太阳输入的热量；Q_{rad}为从线路中辐射出去的热量，是温度的函数；Q_{con}为从线路中散发出去的对流热，它是风的方向和速度的函数；$mC_{\mathrm{p}}\frac{\mathrm{d}T}{\mathrm{d}t}$是拥有一个0稳态值的蓄热项，其中$m$是质量，$C_{\mathrm{p}}$是常量，$T$是温度。

通过解这个方程可以获得动态的热额定值，通过测量以下值可得最大允许电流：

1）用风力计测量的风速；

2）风向；

3）空气温度；

4）太阳热强度；

5）导体参数。

除了上述的测量数据，这个方法的另一个变量是测量实际导体温度。

这种技术十分有助于增加传输热极限，然而，由于以下两种不同的原因，这种技术的使用已经被限制：

（1）尽管到目前为止为开发工作做了很多努力，但是没有通用的模型可以应用于不同类型的架空电缆和地下电缆。模型需要基于它们的类型和等级开发不同的输电线路。

（2）考虑到需要沿着输电线路重复这些测量，因此仪表的要求并不是那么简单。

由于必须要提高技术才能将此解决方案从研发阶段扩展到生产环境中去，因此预计动态热功率的解决方案将在中期或长期时间框架内才可用。

12.2.8 分布式能源

从历史上看，电能主要由大型远程集中的设施，例如化石燃料、核能和水电站利用他们良好的规模经济来产生。这些电厂依次通过高压传输输电和配电系统进行传输。这些系统当享受有利的发电成本时，需要应对以下不利因素：

1）输配电成本；

2）输电和配电损耗；

3）发电、输电和配电对环境的影响。

DER 或 DG[94] 从分布非常接近负荷中心的许多小型能源处发电。因为它允许从很多的来源收集能量，所以造成的环境影响较小，提高了供电的安全性。虽然在千瓦·时的基础上，DG 的发电成本比传统能源更贵，但是随着科技的提高，预计额外的成本会降低，更大的价值是 DER 优秀的特性，如较低的负外部特性（如环境影响）。

DER 系统使用各种可再生和不可再生的技术，例如热电联合（Combined Heat Power，CHP）、燃料电池、微型燃气轮机、风能、生物动力、往复式发动机、光伏系统和存储系统。不可再生的 DER 技术，如往复式发动机、内燃机和微型燃气轮机，燃料电池使用的是天然气或一些其他类型的燃料。

与 DER 相关的重要挑战之一是分布式资源的管理，要确保它们的发电和负荷都处于协调的最佳平衡。类似传统的经济调度和联合承诺的解决方案，DER 决策支持系统需要协调分布式系统的操作。例如，DER 决策支持系统可以确定存储系统的操作，从而消除系统峰值或使电动车以一种优化的方式充电。

预计所需的 DER 集成和管理的技术将在中期时间框架内可以使用。

12.2.9　需求响应

FERC 定义的 DR 陈述如下：

终端客户的电力使用为应对随时间变化的电价而改变正常的消费模式，或者旨在昂贵的电力批发市场价格时代，又或者当系统的可靠性受到威胁时激励支付设计，以诱导较低的电力使用。

DR 促使客户在高峰需求或市场价格高时减少用电负荷。DR 的动机来源于电力发电和输电系统一般为应对峰值需求而改变（加上预测误差和不可预见的事件的幅度）的事实。因此，通过降低高峰需求来减少整个电厂和投资成本需求。DR 通常会导致用电需求高峰期向低峰期的转变。

DR 可以为所有类型的客户提供服务，如大型和小型商业以及住宅用户。通常，它是通过专门控制系统来减小负荷的执行，从而应对一个电力公司或者市场价格条件的需求。

（1）紧急 DR。这个 DR 的使用允许在供电紧缺时中断服务。这种类型的 DR 允许电力公司有针对性地减小负荷，而不是不加选择地减小负荷。

（2）经济 DR 是用来允许电力客户减少他们的消费，为生产或消费方便时，电力对他们的价值就小于支付电力。

（3）辅助服务 DR 包含一系列的专业服务，这些服务需要保证传统的由发电机供电的输电网络操作的安全[97]。

预计成熟的 DR 解决方案在中期时间框架内可用。

12.2.10 微电网

微电网在配电水平上是一个包含自身发电和负荷的局部小规模系统，旨在使用先进的监测和控制解决方案实现自给自足[94]。微电网可以连接到传统的集中式大电网中作为备用供电设备，或可以在遥远的社区进行操作，它没有整合到集中式大电网。为增加供电设备的安全性，微电网发电包括 DER，如地理上分散的存储系统、风能和太阳能。

微电网运行存在很多的挑战：

（1）第一个挑战是开发一个监测和控制系统，以便在一个微电网中通过发电和负荷提供的灵活性使得它能在正常条件下和 $n-1$ 次故障条件下以自给自足的方式运行。

（2）微电网自给自足的控制操作应该与主系统的 AGC 控制相协调。如果微电网连接到主系统电网，则微电网的自给自足控制应该与 AGC 一起平衡其发电和负荷。如果微电网被孤立或者没有与电网连接，则它的自给自足控制方式应该扮演通过在微电网内平衡其发电和负荷来保持微电网频率稳定的角色。

（3）当孤立或者恢复微电网时，电网操作员面临着两个挑战。为了确保可靠性，电网操作员应该对在微型电网中的发电负荷失衡有一个很好的预测。另外一个更重要的挑战是在孤立和恢复微电网期间保证现场人员的安全。需要开发程序，以确保人员的安全不会受到威胁。

预计成熟的微电网解决方案在长期时间框架内可用。

12.2.11 实时姿态和控制

在电力系统操作过程中，存在操作员发现一个不可接受的操作条件的时刻。既在正常的情况下又在伴随 $n-1$ 故障的情况下不可接受条件都能造成违规操作。违规操作可能导致以下极限的一种：

1）热限制（在正常情况下或 $n-1$ 情况下）

2）电压分布限制（在正常情况下或 $n-1$ 情况下）

3）电压稳定限制（在正常情况下或 $n-1$ 情况下）

4）暂态稳定限制（在 $n-1$ 情况下）

操作员需要在事件可控的情况下使用最有效的控制来改正违规行为。目前，虽然存在处理一些的违规行为的工具[67]，但是不存在能处理提前列出的所有违规行为的工具。操作员通常借助自己的经验来填补一个全面工具的空缺。

预计实时姿态和控制的解决方案在长期的时间框架内可用。

12.2.12 关键系统应用和设施中心

断电工作组最后停电报告总结了[98]2003 年停电原因之一涉及电力公司关键监测工具的丢失。事实上，电力公司失去了降级系统条件的状况认知。

这种状况进一步加剧是基于这样一个事实，即操作员不知道监控工具显示器实际上已冻结，而提供了一种虚假的安全感。由于这一发现，NERC 的实时工具最佳实践工作组在它的 2008 年报道中[98]要求了一个重要的应用和设备监测工具，这个工具可以驻留在一个独立的系统上来跟踪实时工具的状态和可用性。这个工具确保由重要的应用和它们的基础设施工具提供的信息对于操作员和技术支持人员是实时的和连续可用的。重要的是让监测工具驻留在独立系统上，以便它不受重要应用和基础设施的影响。

关于关键应用监视器的这种想法可以扩展到其他操作领域，如市场应用和流通管理系统。因此，作为一个可以监测独立的重要流程、应用程序和基础设施的核心，来考虑这个应用是很重要。

预计关键系统应用和设施中心的解决方案将在长期时间框架内可用。

12.2.13 概率极限的计算

目前，电力公司使用确定性标准来建立他们的输电操作极限。换句话说，不考虑许多系统参数的随机性或可变性。NERC 会要求电力公司使用 $n-1$标准来获得他们的操作极限以确保系统在任何单个故障后在可接受的操作极限内运行。

对于操作员来说，通过遵守或违反确定性的极限就知道他们可能要冒多大的风险，这将很有用。或者，如果确定的极限仍然向电力公司暴露出不可接受的风险，则操作员可能决定使用更严格的极限。

图 12.6 所示为一个由操作员使用 $n-1$ 的标准同时带有可接受的操作区域所提供的典型电压稳定性连续区域。其他衍生的连续区域显示了带有特定 5% 或 10% 风险的操作区域。5% 的风险意味着如果因为没有考虑其他的低概率事件，则导致操作条件仍在 5% 的风险区域内，系统就有 5% 的可能遭受电压不稳定。现在假设系统操作条件位于电压稳定区域的 A 区。在这个区域，因为带有 10% 风险的电压稳定地区比确定性标准更严格，所以确定的标准选择的有点过于宽松。因此操作员应该小心不要产生更大的风险。另一方面，在电压稳定区域的 B 区，由于它比一个有 5% 风险的区域具有更多的限制，因此确定的极限显得过于

严格了。因此在这个区域，即使它违反了确定的标准，操作员也可能会决定去冒更大的风险。

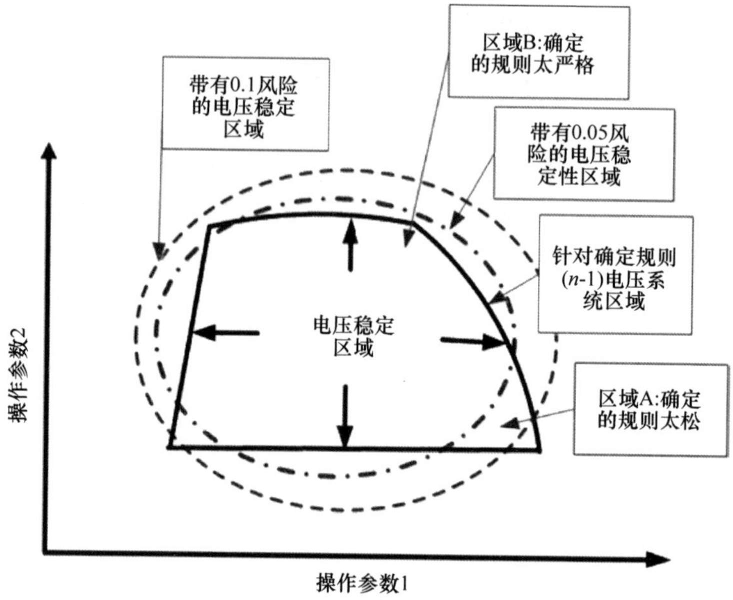

图 12.6　电压稳定区域的确定性和概率计算

不像其他确定性方法，概率统计方法考虑许多系统参数和操作条件的随机性，并且能够提出与观察派生极限相关的稳定极限以及它们的系统风险。源于概率极限的方法[99]还不是足够成熟，因此还需要更多的研究和发展来开发出稳健的解决方案。

可以预测，概率极限计算的解决方案在长期时间框架内是可用的。

12.2.14　管理的重要操作知识：操作代码手册

进一步的阅读

在全球电力公司中，控制室操作员依靠他们广泛的经验、系统知识，以及目前状况和来自许多实时系统（如 EMS，DMS 和 OMS）的决策支持信息来做出重大决策。这些决策往往被许多规则、程序、约束以及针对电力公司和操作环境的商业实践所支配。为了有效平衡需要及时响应的功能，操作员通常需要开发业务流程和详细的一步一步的过程，以便他们需要在不同的系统条件下采取清晰的行动。在许多公司中，这些程序和过程都存储在一本名为“操作代码”的书中，这是向操作员提供副本或一个电子版。虽然代码书已经被证明对于操作员执行他们的工作是一个必要的推动，但同时发现执行程序的过程仍然缓慢，有时甚至无效。在紧急操作情况下，如完全或部分停电，快速访问准确的和完整的信息是至关重要的。因此，让代码书中的信息以一种有效和及时的方式得到是很有价值的。从技术层面上加速查询代码书过程的解决方案可以显著提高系统的可靠性、安全性和运行效率。根据操作情况和操作员的具体要求，需要寻找解决方案以优化过程和代码书的访问。

可以预测，有关管理的重要操作知识的解决方案在中期时间框架内是可用的。

幺制提供了一些有利的属性，如：

（1）获得的数据范围比使用真实的单位，如欧姆、安培和伏特获得范围所受的限制更大。例如，在电力系统网络分析中，母线电压等级可能从 12～500kV 不等。在真正的单位中，这些值之间相差约 40 倍，但它们的标幺值可能是非常接近的。因此，使用实际的单位值在计算上比使用标幺值的效率低。

（2）标幺制可去除单相相位值与三相相位值之间以及变压器的原边和副边电压之间的混淆。

在系统研究中，为电压（V_b）和 MVA（S_b）选择一个共同的基准值是更加实用的。假设这些值是相量，则这两个值可以用来求得相电流基值（I_b）。

$$S_b = V_b \cdot I_b \tag{A.12}$$

电压、电流和功率的标幺值可以定义为

$$V_{pu} = \frac{V}{V_b} \tag{A.13}$$

$$I_{pu} = \frac{I}{I_b} \tag{A.14}$$

$$S_{pu} = \frac{S}{S_b} \tag{A.15}$$

利用所选择的值，可以定义基准阻抗和基准导纳 Z_b 和 Y_b。

$$Z_b = \frac{V_b}{I_b} = \frac{V_b^2}{S_b} \tag{A.16}$$

$$Y_b = \frac{1}{Z_b} = \frac{S_b}{V_b^2} \tag{A.17}$$

标幺值可以被定义为

$$Z_{pu} = \frac{Z}{Z_b} = \frac{Z \cdot S_b}{V_b^2} \tag{A.18}$$

$$Y_{pu} = \frac{Y}{Y_b} = \frac{Y \cdot V_b^2}{S_b} \tag{A.19}$$

有时，有必要从一个基本系统的阻抗转换成另一个。利用式（A1.18），可得到

$$Z_{pu1} = \frac{Z \cdot S_{b1}}{V_{b1}^2} \tag{A.20}$$

$$Z_{pu2} = \frac{Z \cdot S_{b2}}{V_{b2}^2} \tag{A.21}$$

通过消除 Z，得到的换算公式为

$$Z_{pu2} = \frac{Z_{pu1} \cdot S_{b2} \cdot V_{b1}^2}{S_{b1} \cdot V_{b2}^2} \tag{A.22}$$

在三相系统中，基准电流可以通过以下公式计算：

$$I_{base}=\frac{S_{3ph\ base}}{\sqrt{3}V_{L\ base}}=\frac{S_{3ph\ base}}{3V_{LG\ base}} \tag{A. 23}$$

基准电压值可以是单相对地电压或线电压。

$$V_{LG\ base}=\frac{V_{L\ base}}{\sqrt{3}} \tag{A. 24}$$

这些基于不同的标幺值基准的电压标幺值可由以下公式得到：

$$V_{L\ pu}=\frac{V_L}{V_{L\ base}} \tag{A. 25}$$

$$V_{LG\ pu}=\frac{V_{LG}}{V_{LG\ base}} \tag{A. 26}$$

已知 $V_L=\sqrt{3}V_{LG}$，则

$$V_{LG\ pu}=V_{L\ pu} \tag{A. 27}$$

同理可得

$$S_{1ph\ pu}=S=S_{3ph\ pu} \tag{A. 28}$$

这是非常重要的，因为不管我们讨论的是单相还是三相，当我们说功率为标幺值0.8时都没有差别。为推出这一重要的关系，通过 $S_{3ph\ pu}$ 将式（A1.11）的两边展开。

$$S_{3ph\ pu}=\frac{3V\cdot I^*}{S_{3ph\ base}}=\frac{3V\cdot I^*}{3V_{LG\ base}I_{base}} \tag{A. 29}$$

$$S_{3ph\ pu}=V_{LG\ pu}I_{pu}^*=S_{1ph\ pu} \tag{A. 30}$$

A.4 矩阵代数

矩阵代数为复杂工程问题的制定和解决提供了一种有效的方法。这种方法提供了一个有序的方式来管理多变量和复杂的问题。

一个矩阵被定义为一个矩形数组的数字排列，称为元素，以 m 行和 n 列的系统方式排列。元素可以是表示为 a_{ij} 的实数或复数，i 指定为行，j 指定为列。

$$A=\begin{pmatrix} a_{11} & \cdots & a_{1n} \\ \vdots & \ddots & \vdots \\ a_{n1} & \cdots & a_{nn} \end{pmatrix} \tag{A. 31}$$

下面是几种不同类型的矩阵：

（1）向量。以一行或一列的形式存在的矩阵被称为向量。

（2）矩阵的转置。如果一个 $m\times n$ 矩阵的行和列交换，则得到的 $n\times m$ 矩阵为矩阵的转置。

(3) 矩阵的共轭。如果矩阵的所有元素都被它们的共轭代替（例如，用元素 $a-\mathrm{j}b$ 代替元件 $a+\mathrm{j}b$），则所产生的矩阵是 A 的共轭矩阵，表示为 A^*。

两个重要的矩阵运算。

(1) 矩阵加法。同型矩阵能以下面的形式相加：

$$A+B=C\text{，其中所有元素 } c_{ij}=a_{ij}+b_{ij}$$

(2) 矩阵乘法。矩阵 A（$n\times m$）可以和矩阵 B（$m\times q$）相乘，得到一个矩阵 C（$n\times q$），矩阵 C 的表达式如下：

$$c_{ij} = \sum_{k=1}^{q} a_{ik} \cdot b_{kj} \tag{A.32}$$

式中，$i=1, 2, \cdots, m$ 且 $j=1, 2, \cdots, n$。

A.5 稳态组件模型

对于电力系统的稳定分析，针对不同的组件，推导出简单稳态模型，例如：

1) 传输线；

2) 变压器和移相器；

3) 发电机；

4) 分流和电容器；

5) 负荷。

该模型推导遵循图 A.2 所示的一个简单的 π 表示形式。下面的部分简述了每一个模型的详细信息。

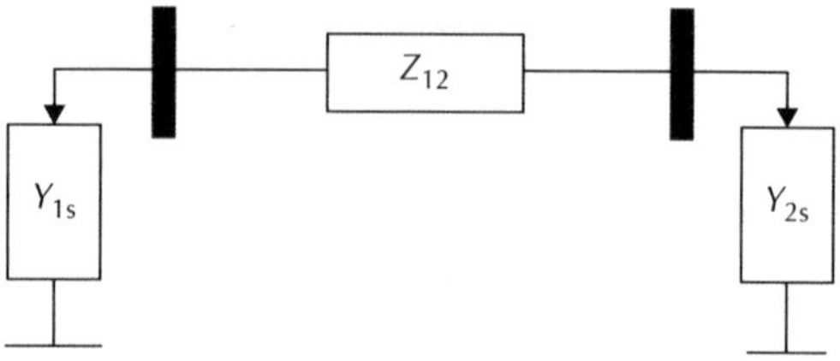

图 A.2 典型组件的稳态模型

A.5.1 输电线

输电线路由图 A.3 所示的 PI 等效表示。

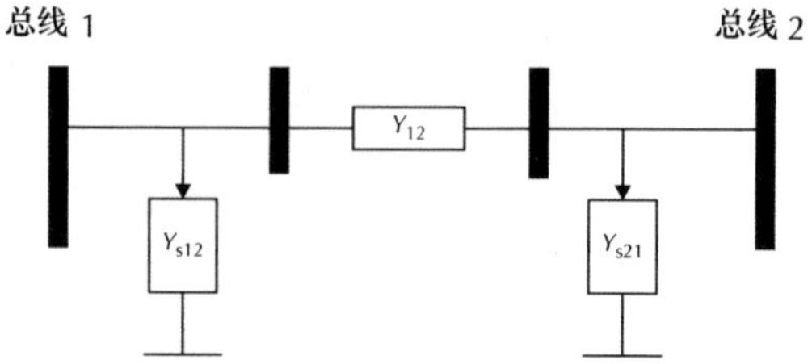

图 A.3 PI 等效传输线

给出 PI 的等效参数如下：

$$Y_{12} = \frac{1}{Z_{12}} \tag{A.33}$$

$$Z_{12} = \left(\frac{R + JWL}{G + JWL}\right)^2 \sinh(\Psi d) \tag{A.34}$$

$$Y_{s12} = Y_{s21} = \left(\frac{G + JWC}{R + JWL}\right)^{1/2} \tanh(\frac{\Psi d}{2}) \tag{A.35}$$

式中，$R + JWL$ 为每英里的线路阻抗；$G +\ JWC$ 为每英里线路的并联导纳；d 为以英里为单位的线路长度；Ψ 为$[(R + JWL)(G\ + JWC)]1/2$。

A.5.2 变压器和移相器

变压器和移相器可以通过使用图 A.4 所示的在高低压间复配比 t（幅值和相位）进行建模。如果角度为零，则变压器建模的幅值不恒定，它代表一个移相器。

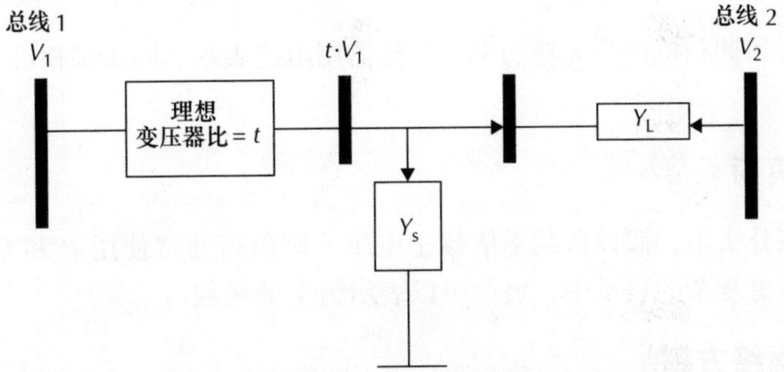

图 A.4 变压器模型

获得类似于图 A.1 所示的变压器 PI 等效，一次侧和二次侧电压值和电流值之间的关系用以下公式表示：

$$\frac{I_1}{t} = (Y_L + Y_S)V_1 t - Y_L V_2 \tag{A.36}$$

$$I_2 = -tY_L V_1 + Y_L V_2 \tag{A.37}$$

得到

$$I_1 = (Y_L + Y_S)t^2 V_1 - Y_L t V_2 \tag{A.38}$$

$$I_2 = -tY_L V_1 + Y_L V_2 \tag{A.39}$$

图 A.1，另外，给出如下公式：

$$I_1 = (Y_{S12})V_1 + Y_{L12}(V_1 - V_2) = (Y_{S12} + Y_{L12})V_1 - Y_{L12}V_2 \tag{A.40}$$

$$I_1 = (Y_{S21})V_2 + Y_{L12}(V_2 - V_1) = -Y_{L12}V_1 + (Y_{S12} + Y_{L12})V_2 \tag{A.41}$$

将这些等式与图 A.1 的使用 PI 等效的等式进行比较，用于 PI 等效的以下值可以得到：

$$Y_{L12} = Y_L t \tag{A.42}$$

$$(Y_{S12} + Y_{L12}) = (Y_L + Y_S)t^2 \tag{A.43}$$

$$(Y_{S21} + Y_{L12}) = Y_L \tag{A.44}$$

将式（A1.42）中的 Y_{L12} 的值代入到式（A1.43）和式（A1.44），得到

$$Y_{S12} = t(t-1)Y_L + t^2 Y_S \tag{A.45}$$

$$Y_{S21} = (1-t)Y_L \tag{A.46}$$

A.5.3 发电机

只有发电机终端的边界值能足够地代表发动机。这些值包括 P 值和指定的终端电压，以及无功功率的最大值和最小值，即 Q_{max} 和 Q_{min}。

A.5.4 分流器和同步调相机

分流器和调相机产生无功功率。分流器用阻抗表示。同步调相机为零功率发电机。

A.5.5 负荷

在稳态分析中，假设负载不依赖于电压，则负荷通常使用 P 和 Q 的恒定值来建模。在更复杂的表示中，负荷可以表示为 V 的函数。

A.5.6 网络方程

网络方程是由在每个节点处的电压和电流得到的。

$$[I] = [Y][V] \tag{A.47}$$

式中，I 和 V 是包含在 n 个节点处的电压和电流的向量。

导纳矩阵 Y 由如下元素构成：

Y_{ii} = 连接到母线 i 上的总导纳；

Y_{ij} = − 母线 i 和 j 之间的导纳。

参考文献

1. "Generic System Operator Task List" developed as part of the System Personnel Training Standard PER-005-1, North American Electric Reliability, www.nerc.com, accessed on June 26, 2010.
2. A. Smith, "An Inquiry into the Nature and Causes of the Wealth of Nations," W. Strahan and T. Cadell, London, 1776.
3. "Reliability Standards," North American Electric Reliability Council, www.NERC.com, accessed on November 14, 2013.
4. A. S. Debs, "Modern Power Systems Control and Operation," Kluwer Academic Publishers, Boston, MA, 1988.
5. A. J. Wood and B. F. Wollenburg, "Power Generation Operation and Control," John Wiley & Sons, Inc., New York, 1984.
6. Y. Wallach, "Calculations and Programs for Power System Networks," Prentice Hall, Englewood, NJ, 1984.
7. J. Heydt, "Computer Analysis Methods for Power Systems," Macmillan Publishing Company, New York, 1986.
8. O. Alsac, N. Vempati, B. Stott, and A. Monticelli, "Generalized State Estimation," PICA Conference, Columbus, OH, May 1997.
9. G. Stagg and A. El-Abiad, "Computer Methods in Power System Analysis," McGraw-Hill Book Company, New York, 1968.
10. G. T. Heydt, "Computer Analysis Methods for Power Systems," Macmillan Publishing Company, New York, 1986.
11. B. Stott, "Review of Load Flow Calculation Methods," Proc. IEEE, Vol. 62, pp. 916–929, July 1972.
12. W. Tinnney and J. Walker, "Direct Solutions of Sparse Network Equations by Optimally Ordered Triangular Factorization," Proc. IEEE, Vol. 55, No. 11, pp. 1801–1809, 1967.
13. B. Stott and O. Alsac, " Fast Decoupled Load Flow," IEEE Trans. Power App. Syst., Vol. PAS-96, pp. 273, January/February 1977.
14. P. H. Haley and M. Ayres, "Super Decoupled Load Flow with Distributed Slack," Paper No. 84 WM 046–9 presented at the IEEE Winter Power Meeting, Dallas, TX, January–February 1984.
15. R. A. M. Van Amerongen, "A General Purpose Version of the Fast Decoupled Load Flow," IEEE Trans. Power Syst., Vol. PWRS-4, pp. 760–770, May 1989.
16. W. F. Tinney and A. A. Hart, "Power Flow by Newton's Method," IEEE Trans. Power App. Syst., Vol. PAS, Vol. 21, No. 4, pp. 1550–1556, November 1967.
17. W. F. Tinney, V. Brandwajn, and S. M. Chan, "Sparse Vector Methods," IEEE Trans. Power App. Syst., Vol. PAS-104, No. 2, pp. 295–301, February 1985.
18. M. Lotfalian, R. Schlueter, D. Idizior, P. Rusche, S. Tedeschi, L. Shu, A. Yazdankhah, "Inertial, Governor and AGC/Economic Dispatch Loadflow," IEEE Power Eng. Rev., Vol. PER-5, No. 11, p. 26, 1985.
19. W. Y. Ng, "Generalized Generation Distribution Factors for Power System Security Evaluations," IEEE Trans. Power App. Syst., Vol. PAS-100, pp. 1001–1005, March 1981.

注：*Practical Power System Operation*, First Edition. Ebrahim Vaahedi.

20. B. Stott, O. Alsac, and A.J. Monticelli, "Security Analysis and Optimization," Proceedings of IEEE, Vol. 5, No. 12, December 1987.
21. O. Alsac, B. Stott, and W. F. Tinney, "Sparsity-Oriented Compensation Methods for Modified Network Solutions," IEEE Trans. Power App. Syst., Vol. PAS-102, pp. 1050–1060, May 1983.
22. J. Zaborszky, K. W. Whang, and K. Prasad, "Fast Contingency Evaluation Using Concentric Relaxation," IEEE Trans. Power App. Syst., Vol. PAS-99, pp. 28–36, January/February 1980.
23. V. Brandwajn and M. G. Lauby, "Complete Bounding Method for AC Contingency Screening," IEEE Trans. Power Syst., Vol. PAS-4, No. 2, pp. 724–729, May 1989.
24. F. F. Wu and A. Monticelli, "Critical Review of External Network Modelling for On-line Security Analysis," Int. J. Electr. Power Energ. Syst., Vol. 5, pp. 222–235, October 1983.
25. W. F. Tinney and J. M. Bright, "Adaptive Reduction for Power Flow Equivalents," IEEE Trans. Power Syst., Vol. PWRS-2, pp. 351–360, May 1987.
26. Y. Chen and A. Bose, "Adaptive Pre-Filter for Voltage Contingency Selection Function," IEEE Trans. Power Syst., Vol. PWRS-5, No. 4, pp. 1478–1656, November 1990.
27. T. F. Haplin, R. Fischl, and R. Fink, "Analysis of Automatic Contingency Selection Algorithms," IEEE Trans. Power App. Syst., Vol. PAS-103, pp. 938–945, May 1984.
28. G. D. Irisarri and A. M. Sasson, "An Automatic Contingency Selection Method for On-line Security Analysis," IEEE Trans. Power App. Syst., Vol. PAS-100, pp. 1838–1844, April 1981.
29. O. E. Elgerd, "Electric Energy Systems Theory: An Introduction," McGraw-Hill Book Company, New York, 1982.
30. C. A. Gross, "Power System Analysis," John Wiley & Sons, Inc., New York, 1979.
31. P. Kundur, "Power System Stability and Control," McGraw-Hill Book Company, New York, 1994.
32. A. Shalaby, V. F. Carvalho, and J. A. Findlay, "On-line Computer Monitoring of Complex System Limits," PICA Conference, IEEE, Cleveland, Ohio, pp. 64–72, May 1979.
33. T. Van Cutsem and C. Vournas, "Voltage Stability of Electric Power System," Kluwer Academic Publishing, Boston, MA, 1998.
34. IEEE/PES, C. Canizares ,"Voltage Stability Assessment: Concepts, Practices and Tools," Technical Report, Special Publication of IEEE Power System Stability Subcommittee, August 2002.
35. CIGRE TF 38.02.12, "Criteria and Countermeasures for Voltage Collapse," Final Report, CIGRE, Paris, December 1994.
36. WSCC RRWG, "Proposed Voltage Stability Guidelines, Under Voltage Load Shedding Strategy, and Reactive Power Reserve Monitoring Methodology," Final Report, September 1997.
37. V. Ajjarapu and C. Christ, "Continuation Power Flow; a Tool for Steady State Voltage Stability Analysis," IEEE Trans. Power Syst., Vol. PWRS-7, No. 1, pp. 416–423, February 1992.
38. T. Van Cutsem and R. Mailhot, "Validation of a Fast Voltage Stability Analysis Method on the Hydro-Québec System," IEEE Trans. Power Syst., Vol. PWRS-12, pp. 282–292, 1997.
39. E. Vaahedi, C. Fuchs, W. Xu, Y. Mansour, H. Hamdanizadeh, and G. K. Morison, "Voltage Stability Contingency Screening and Ranking," IEEE Tran. Power Syst., Vol. 14, No. 1, pp. 256–265, February 1999.
40. NERC Automatic Generation Control Standards, BAL-005-0b, North American Electric Reliability Council, May 2, 2007.
41. WECC Field Trial of the Balancing Authority ACE Limit Under NERC Project 2007–18 Reliability-Based Control, Western Electric Coordinating Council, Draft 9, January 27, 2010.

42. D. N. Ewart, "Automatic Generation Control – Performance Under Normal Conditions" Systems Engineering for Power: Status and Prospects, US. Government Document CONF-750867, pp. 1–14, 1975.
43. N. Jaleeli, L. S. VanSlyck, D. Edwart, L. H. Fink, and A. G. Hoffman, "Understanding Automatic Generation Control," IEEE Trans. Power Syst., Vol. PWRS-7, No. 3, pp. 1106, August 1992.
44. H. Glavitsch, "Discussion of Reference 2," IEEE Trans. Power Syst., Vol. PWRS-7, No. 3, p. 1106, August 1992.
45. M. Fekri Moghadam, M. Metcalf, W. G. Dunford, and M. Metcalf, "Using Industrial Load Flexibility to Increase Hydroelectric Generation Efficiency," Paper Submitted for Publication to IEEE Transactions in Power Systems.
46. X.-P. Zhang, "Restructured Electric Power Systems: Analysis of Electricity Markets with Equilibrium Models," John Wiley & Sons, Inc., Hoboken, NJ, p. 330, July 2010,
47. R. B Wilson, "Architecture of Power Markets," Econometrica, Vol. 70, pp. 1299–1340, July 2002.
48. J. H. Chow, R. W. De Mello, and K. W. Cheung, "Electricity Market Design: An Integrated Approach to Reliability Assurance," IEEE Trans. Power Syst., Vol. PWRS-93, No. 11, pp. 1956–1969, November 2005.
49. J. Carpentier, "Contribution a l'etude du dispatching economique," Bull. Soc. Fr., pp. 431–447, 1962.
50. H. W. Dommel and W. F. Tinney, "Optimal Power Flow Solutions," IEEE Trans. Power App. Syst., Vol. PAS-97, pp. 37–47, 1968.
51. E. Vaahedi, Y. Mansour, J. Tamby, W. Li, W., and D. Sun, "Evaluation of Existing OPF/Var Planning Methods on Four Large Scale Utility Systems," IEE P-Gener. Transm. D., July 2000.
52. H. Kuhn, and A. W. Tucker, "Nonlinear Programming." Proceedings of 2nd Berkeley Symposium, University of California Press, Berkeley, CA, pp. 481–492. http://project euclid.org/euclid.bsmsp/1200500249. MR47303, accessed on November 14, 2013.
53. W. Karush, "Minima of Functions of Several Variables with Inequalities as Side Constraints," M.Sc. Dissertation, Dept. of Mathematics, Univ. of Chicago, Chicago, IL, 1939.
54. J. Carpentier, "Differential Injection Method, a General Method for Secure and Optimal Load Flows," PICA, Minneapolis, MN, pp. 255–262, 1973.
55. R. C. Burchett, H. H. Happ, and D. R. Vierath, "Quadratically Convergent Optimal Power Flow," IEEE Trans. Power App. Syst., Vol. PAS-103, pp. 3267–3275.
56. D. I. Sun, B. Ashley, B. Brewer, A. Hughes, and W. F. Tinney, "Optimal Power Flow by Newton Approach," IEEE Trans. Power App. Syst., Vol. PAS-103, pp. 2864–2880, October 1984.
57. G. A. Maria and J. A. Findlay, "A Newton Optimal Power Flow for Ontario Hydro EMS," IEEE Trans. Power Syst., Vol. PWRS-2, pp. 576–584, August 1987.
58. O. Alsac, J. Bright, M. Prais, and B. Stott, "Further Development in LP-Based Optimal Power Flow," IEEE Trans. Power Syst., Vol. 5, No. 3, pp. 697–711, August 1990.
59. A. Monticelli and W. E. Liu, "Adaptive Movement Penalty Method for the Newton Optimal Power Flow," IEEE Trans. Power Syst., Vol. PWRS-7, pp. 334–342, November 1988.
60. N. Karmarker, "A New Polynomial Time Algorithm for Linear Programming," Combinatorica, Vol. 4, pp. 373–395, 1984.
61. C. N. Lu and M. R. Unum, "Network Constrained Security Control Using an Interior Point Algorithm," IEEE Trans. Power Syst., Vol. PWRS-8, pp. 1068–1076, August 1993.
62. S. Granville, "Optimal Reactive Dispatch through Interior Point Methods," IEEE Trans. Power Syst., Vol. PWRS-9, pp. 136–146, February 1994.
63. K. Clements, "Interior-Point Optimization Methods," in Advanced Optimization Techniques, PICA Tutorial, Baltimore, MD, May 1991.
64. Y. Hong, D. I. Sun, S. Lin, and C. Lin, "Multi-Year Multi-Case Optimal Var Planning," IEEE Trans. Power Syst., Vol. PWRS-5, pp. 1294–1301, November 1990.

65. S. Granville, M. V. F. Pereira, and A. Monticelli, "An Integrated Method for Var Sources Planning," IEEE Trans. Power Syst., Vol. PWRS-3, pp. 1741–1747, May 1988.
66. E. Vaahedi and M. H. Zein Eldin, "Considerations in Applying Optimal Power Flow to Power System Operation," IEEE Trans. Power Syst., Vol. PWRS-4, pp. 84–89, May 1989.
67. E. Vaahedi, Y. Mansour, J. Tamby, W. Li, and D. Sun, "Large Scale Voltage Stability Constrained Var Planning and Voltage Stability Application Using Existing OPF/Optimal Var Planning Tools," IEEE Trans. Power Syst., Vol. PWRS-14, pp. 65–74, February 1999.
68. A. J. Monticelli, M. V. F. Pereira, and S. Granville, "Security Constrained Optimal Power Flow with Post-contingency Corrective Rescheduling," IEEE Trans. Power Syst., Vol. PWRS-2, pp. 175–182, February 1987.
69. V. Vankayala, E. Vaahedi, D. Cave, and M. Huang, "Opening Up for Interoperability—A Pragmatic Open Architecture for a Control Center Consolidation Project," IEEE Power and Energy Magazine, March/April 2008.
70. T. E. Dy-Liacco, "Real-time Computer Control of Power Systems Modern Control Centers and Computer Networking," Proceedings of IEEE Computer Applications in Power, July 1974.
71. E. Vaahedi, E. A. Chang, N. Muller, S. Mokhtari, and G. Irrisari, "A Future Application Environment for B.C. Hydro's EMS," IEEE Trans. Power Syst., Vol. PWRS-16, pp. 9–14, February 2001.
72. A. Handschin and E. Petroianu, "Energy Management Systems, Operations and Control of Electric Energy Transmission Systems," Springer-Verlag, Berlin, Heidelberg, 1991.
73. T. E. Dy-Liacco, "Modern Control Centers and Computer Networking," IEEE Comput. Appl. Power, Vol. 7, pp. 17–22, 1994.
74. E. Vaahedi and M. Shahidehpour, "Decision Support Tool Requirement in Restructured Energy Systems," IEEE Trans. Power Syst., May 2004.
75. J. W. Evans, "Energy Management System, Survey of Architecture," IEEE Comput. Appl. Power, Vol. 2, pp. 11–16, January 1989.
76. R. Kalisch , "EMS for the 21st Century," CIGRE Working Group D2.24, February 2011.
77. R. W. Uluski, "Interactions between AMI and Distribution Management Systems for Efficiency/Reliability Improvements at a Typical Utility," Power and Energy Society General Meeting—Conversion and Delivery of Electrical Energy in the 21st Century, IEEE, July 20–24, 2008.
78. R. Langsdon, "DMS—The Integration Solution for GIS/SCADA/OMS," GITA's 23rd Annual Conference and Exhibition, Denver, CO, March 26–29, 2000.
79. Review of On-line Dynamic Security Assessment Tools and Techniques Working Group 601 of Study Committee C4, Final Report, CIGRE, Paris, January 2007.
80. J. Viikinsalo, A. Martin, K. Morison, L. Wang, and F. Howell, "Transient Security Assessment in Real-Time at Southern Company," Paper presented at the IEEE PSC&E Conference, IEEE, Atlanta, GA, Oct 29–November 1, 2006.
81. I. M. Dudurych, "On-line Assessment of Secure Level of Wind on the Irish Power System," Paper accepted for presentation at the IEEE 2010 Summer Meeting, Minneapolis, MN, 2010.
82. H. D. Chiang, "The BCU Method for Direct Stability Analysis of Electric Power Systems: pp. Theory and Applications" Systems Control Theory for Power Systems, Volume 64 of IMA Volumes in Mathematics and its Applications, pp. 39–94. Springer-Verlag, New York, 1995.
83. H.-D. Chiang, J. Tong, and Y. Tada, "On-line Transient Stability Screening of 14,000-Bus Models Using TEPCO-BCU," Paper accepted for presentation at the IEEE 2010 Summer Meeting, Minneapolis, MN, 2010.
84. M. Pavella, D. Ernst, and D. Ruiz-Vega, "Transient Stability of Power Systems: A Unified Approach to Assessment and Control," Kluwer Academic Publishers, Boston, MA, 2000.

85. Y. Mansour, E. Vaahedi, and M. A. El-Sharkawi, "Dynamic Security Contingency Screening and Ranking Using Neural Networks," IEEE Trans. Neural Networks, Vol. 8, No. 4, pp. 942–950, July 1997.
86. E. Vaahedi, "Assessment of Voltage Security Methods and Tools," EPRI Report TR-105214, Final Report, prepared by B.C. Hydro, October 1995.
87. North American Electric Reliability Standard MOD-001-0—Documentation of TTC and ATC Calculation Methodologies, April 1, 2005.
88. North American Electric Reliability Standard MOD-008-1—Transmission Reliability Margin Calculation Methodology, August 26, 2008.
89. W. Li, E. Vaahedi, and Z. Lin, "BC Hydro's Transmission Reliability Margin Assessment in Total Transfer Capability Calculations," IEEE Trans. Power Syst., Vol.28, pp. 4796–4802, November 2013.
90. M. Patel , "Real-Time Application of Synchrophasors for Improving Reliability," Paper prepared by NERC's Real-Time Application of Synchrophasors for Improving Reliability Task Force, October 18, 2010.
91. J. Giri, M. Parashar, J. Trehern, and V. Madani, "The Situation Room – Control Center Analytics for Enhanced Situational Awareness," IEEE Power Energy Mag., Vol. 10, pp. 24–39, September/October 2012.
92. Synchrophasor System Benefits Fact Sheet, North American Synchrophasor Initiative (NASPI), March 2009, https://www.naspi.org/, accessed on November 14, 2013.
93. Z. Sumic, "Hype Cycle for Smart Grid Technologies, 2012," Gartner Research Note, July 27, 2012.
94. Distributed Energy Resource Basics, US Department of Energy, March 2, 2012, http://www1.eere.energy.gov/femp/technologies/derchp_derbasics.html, accessed on November 14, 2013.
95. U. A. Dougiass and A. Edris, "Real-Time Monitoring and Dynamic Thermal Rating of Power Transmission Circuits," IEEE Trans. Power Deliv., Vol. 10, No. 3, pp. 1460–1470, July 1995.
96. Report to Congress Prepared by staff of the Federal Energy Regulatory Commission and the U.S. Department of Energy, "Implementation Proposal for The National Action Plan on Demand Response," July 2011. http://energy.gov/sites/prod/files/oeprod/DocumentsandMedia/ImplementationProposalforNAPDRFinal.pdf, accessed on November 25, 2013.
97. M. F. Moghadam, M. Metcalfe, E. Vaahedi, and W. G. Dunford, "Application of Industrial Demand Management in Economic Load Dispatch," Paper accepted for presentation at the IEEE PES General Meeting, Vancouver, BC, Canada, July 2013.
98. North American Electric Reliability Corporation (NERC) Report, "Real-Time Tools Survey Analysis and recommendation," Paper prepared by NERC's Real-Time Tools Best Practices Task Force, NERC, March 13, 2008.
99. E. Vaahedi, W. Li, T. Chia, and H. Dommel, "Large Scale Probabilistic Transient Stability Assessment Using B.C. Hydro's On-line Tools," IEEE Trans. Power Syst., Vol. PWRS-15, No. 2, pp. 661–667, May 2000.

图书在版编目（CIP）数据

电力系统操作实践/（加）易卜拉欣·瓦赫迪（Ebrahim Vaahedi）著；张海峰，张虎译. —北京：机械工业出版社，2017. 6
（国际电气工程先进技术译丛）
书名原文：Practical Power System Operation
ISBN 978-7-111-56485-0

Ⅰ. ①电…　Ⅱ. ①易…　②张…　③张…　Ⅲ. ①电力系统运行　Ⅳ. ①TM732

中国版本图书馆 CIP 数据核字（2017）第 068350 号

机械工业出版社（北京市百万庄大街 22 号　邮政编码 100037）
策划编辑：江婧婧　责任编辑：江婧婧
责任校对：刘秀芝　封面设计：马精明
责任印制：李　昂
三河市宏达印刷有限公司印刷
2017 年 5 月第 1 版第 1 次印刷
169mm × 239mm · 13 印张 · 245 千字
0 001—3000 册
标准书号：ISBN 978-7-111-56485-0
定价：85.00 元

凡购本书，如有缺页、倒页、脱页，由本社发行部调换

电话服务	网络服务
服务咨询热线：010 - 88361066	机 工 官 网：www. cmpbook. com
读者购书热线：010 - 68326294	机 工 官 博：weibo. com/cmp1952
010 - 88379203	金 书 网：www. golden - book. com
封面无防伪标均为盗版	教育服务网：www. cmpedu. com